圖1 1970年代的漫畫房。

資料來源：韓國漫畫影像振興院

（Korea Manhwa Contents Agency）於2021年10月提供。

圖 2

姜草的《純情漫畫》「第一部：電梯」。

資料來源：Kakao。

圖 3

《未生》第二話中的一幕。

資料來源：©Supercomix Studio Corp。

圖 4 《聽說我爸是國王》中的一幕。

資料來源：Kakao Entertainment。

圖 5 《如蝶翩翩》中的一幕。

資料來源：©Supercomix Studio Corp。

圖6 《梨泰院Class》中的一幕。

資料來源：Kakao Entertainment。

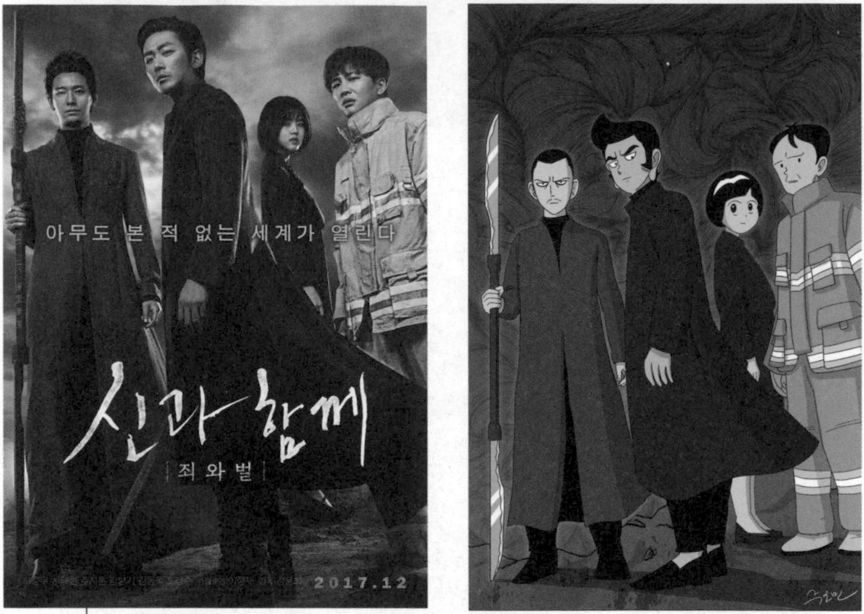

圖7《與神同行》的電影版與條漫版海報

（右圖非出自條漫原作，而是原作者周浩旻依據電影版海報重新繪製）。

資料來源：Lotte Entertainment（電影版）；
Naver Webtoon and Joo Ho-min（條漫版）。

圖8 尹胎鎬《苔蘚》中的一幕。

資料來源：©Supercomix Studio Corp。

圖 9　正在創作條漫新作的漫畫家尹胎鎬。
資料來源：©Supercomix Studio Corp。

WEBTOON

手機世代的韓流浪潮，
條漫如何打造跨媒體的
全球版圖

Understanding
Korean Webtoon Culture

Transmedia Storytelling,
Digital Platforms, and Genres

陳達鏞 Dal Yong Jin——著
吳喬熙——譯

本書謹獻給

羅元景

（Kyung Won Eustina Na）

CONTENTS

前言

網路條漫（Webtoon）早已無所不在。*二〇一〇年代初，韓國流行音樂（K-Pop）開始攻占全球音樂市場，韓國的條漫也於此時敲響了西方國家的大門。二〇一一年，江南大叔（PSY）憑著爆紅的《江南Style》一曲炒熱了韓國流行音樂在北方世界（Global North）的知名度，但條漫則有所不同，起初僅在美、法等幾個西方國家及日本、印尼等幾個亞洲國家留下淡淡的足跡而已。我在二〇〇〇年代末看了幾部條漫，當時我立刻覺得，故事迷人且風格多樣的條漫將會帶動下一波韓流。所以我開始研究條漫，並在二〇一五年發表了一篇關於條漫的文章，該文可能是英語世界裡第一篇關於條漫的學術論文。從那時起，許多不同領域的學者開始從文化研究、文學研究、政治經濟學和跨國性

＊譯註：Webtoon為韓國獨有的漫畫形式，本書按其條狀特色譯為「網路條漫」；又因其無實體形式，多於線上閱讀，為行文簡潔亦常省略「網路」兩字而簡稱「條漫」。

（transnationality）等不同角度關注韓國條漫。

在我所關注的研究主題中，條漫是晚近才出現的存在。但條漫確實是一場力量強大的風暴，這主要是因為這個特色鮮明的題目正好位於流行文化與數位科技的交匯處。我從二〇一〇年代初就開始關注韓流、數位平台、全球化與跨國化這三個相關的研究領域，條漫因此成為了絕佳的研究主題，能同時擴展我對於這三個研究領域的知識。隨著韓國及某些其他國家的年輕人對於條漫的興趣與日俱增，我也希望自己的研究範圍能涵蓋此一獨特的青少年數位文化領域。

確切而言，我對於條漫的興趣源自於幾個重要的發展。第一，條漫與電視節目、韓國流行音樂和電影等已有歷史的閱聽文化不同，它不僅具有文字，也常衍生出電影、電視劇和數位遊戲等其他影視內容。部分歸因於這種跨媒體故事講述（transmedia storytelling），讓條漫產業成為韓國文化領域其中一個最為重要的部門。第二，自問世以來，條漫的製作與傳播便仰賴著當代最重要的兩種數位科技——數位平台和智慧型手機。第三，條漫在韓國造成流行後，更進一步席捲全球。無論是作為獨立的文化產品或跨媒體故事講述的來源，條漫都在不斷擴大其跨國性，這意味著它們乘著韓流（Hallyu）的風頭，正要成為韓流傳統（Hallyu tradition）中主要的文化產品之一——韓流傳統指的是韓國本地文化產業的快速發展，以及全球對韓國流行文化和數位科技的需求。無論人們是否會看條漫，他們都已深受條漫文化的影響，因為他們在不知不覺中享受著以條漫為原始素材的文化內容，如電視劇和電影。

對於全球各地的許多媒體和文化消費者而言，條漫仍是陌生的存在。我持續研究韓流和數位平台的同時，也有很多機會與韓流受眾和全球各地的媒體代表討論韓國文化產業的發展。觀眾和記者提出的主要問題之一是：「下一個由韓流所帶動的重要文化產業會是什麼？」我的回答是條漫產業。有些人會對這個出乎意料的答案感到困惑，我也試著向他們解釋，條漫是新一代青少年文化與數位文化的一部分，具有深厚的潛力，也改變了文化產業的典範（paradigm）。

但這不代表條漫的未來一片光明，很快地，條漫將會面臨幾個挑戰。在晚期資本主義的社會中，條漫平台的出現產生了一些影響。條漫在青少年數位文化中的特殊地位持續上升的同時，我們也應謹慎處理包括侵犯智慧財產權在內的幾個負面效應。因此，我希望不僅是條漫、漫畫領域的學者與學生能參考本書，跨媒體故事講述領域的學者和學生也能參考。我還期待眾多的條漫迷、文化創作者、文化政策制定者和文化企業能在二十一世紀初持續推動由條漫領頭的文化產品。

導論

自二十一世紀初以來，南韓（以下簡稱韓國）已成為西方世界之外的跨國流行文化和數位科技重鎮之一。西方流行文化——尤其是美國文化——仍持續影響全球文化市場，不過韓國文化產業也成功創造並出口了各式文化產品，例如電視節目、電影、流行音樂、數位遊戲（網路遊戲和手機遊戲）。韓國更發展出一種新穎的流行文化，名為條漫，可與美國的網漫（Webcomics）相比。

條漫是韓國文化圈的後起之秀，而韓國文化圈正逐漸成為全球文化圈的一部分。不過，條漫在韓國文化市場中崛起的過程相當特殊，這是出於幾個特別的原因，如文化內容和數位科技（像是智慧型手機和數位平台）的匯流、跨媒體故事講述的成長（跨媒體故事講述指的是，故事從原始文本流向電影和電視劇等不同文化形式，過程涉及擴展或壓縮原始故事以適應目標平台的特性）、韓流的影響（在地文化產業的快速成長和韓國文化內容向全球市場的出口），這些因素都相互關聯（Freeman, 2017; Jin, D. Y., 2019a）。條漫正逐漸成為數位科技新元素中的要角，人們對這種小眾的漫畫形式（如今正逐漸變成一種主流的漫畫形式）的興趣在各種平台上不斷增長（Yecies et al., 2019）。

在數位文化的世界裡，條漫深受十多歲和二十多歲的年輕人，以及千禧世代和Z世代成年人的喜愛。[1]根據韓國聯合通訊社（Yonhap News）在二〇一七年所做的調查，韓國約有八三％的條漫讀者是千禧世代或Z世代。更精確地說，十幾歲的讀者占三二．一％，二十世代的讀者占二九．五％，三十世代的讀者占二一．四％，四十世代的人占一一．七％，五十歲及以上的人占五．三％。二〇一九年裡，有六一％的條漫讀者是十多歲和二十多歲的青年人（Korea Creative Content Agency, 2020c）。不過，由於條漫熱潮是在約十年前開始，許多如今已經四十多歲或以上的人也繼續閱讀條漫。條漫也很受北美的Z世代歡迎。二〇一〇年代末，美國區的Line Webtoon平台（今已更名為Webtoon）上，二十四歲以下的北美讀者占整體北美讀者的七五％左右，其中有六五％為女性（Salkowitz, 2018; Park, J. H., 2020）。對於Z世代和千禧世代而言，條漫是最受歡迎的數位文化形式之一，他們不再閱讀過時的實體漫畫，而是在智慧型手機上追漫。

條漫在韓國的人氣持續暴漲，也因此逐漸吸引世界各地的漫畫迷，正如日本動畫和漫畫在過去幾十年裡打入全球文化市場那樣。實際上，《CBR》（著名的線上雜誌，前稱為Comic Book Resources）在二〇二〇年的一篇文章中，談到了全世界對於韓國條漫的興趣正不斷增加：「長期以來，日本漫畫全面支配著亞洲漫畫市場，以至於這幾十年來，甚至很少有西方人意識到有其他地區正創作類似的漫畫。美國人仍然認為動漫是日本特有的產物。然而，全世界持續數位化這件事改變了美漫圈的樣貌，也開始對日漫產業造成影響。舉例而言，韓國條漫在世界各地的讀者都增加了，在日本也不例外」（Burrowes, 2020）。《石英每周關注》（*Quartz Weekly Obsession*）也在二〇一九年指出，條漫已「做出重大突破，足以威脅日本手繪漫畫產業向來受人崇敬的王者地位，並在全世界獲得足夠的支持，能和韓國流行音樂和美容商品並列為韓國新興的軟實力出口商品」。[2] 條漫逐漸成為許多韓國青少年——如今還包括北美、歐洲和亞洲的青少年——能隨時隨地閱讀的主要文化內容之一（Han, C. W., 2013; Lynn, 2016; Kim, S. J., 2019; Cho, H. K., 2021）。

韓國條漫也吸引了北方世界（如美國、法國和日本）和南方世界（Global South，如中國和印尼）的文化創作者和娛樂公司。全球各地曾接觸過如韓國電影、韓劇和韓流音樂等韓國文化內容的娛樂公司和文化創作者，如今不僅將條漫視為新的流行文化形式，也視其為跨媒體故事講述的源頭，能發展為電影、電視節目和數位遊戲。

總結而論，韓國條漫在全球各地擁有許多支持者，有人純粹是條漫讀者，有人則喜愛以條漫為基礎的大螢幕文化（big-screen culture），這顯示出韓國條漫在全世界受歡迎的程度，以及其對全球漫畫界的重要性。

什麼是條漫？

條漫（Webtoon）一詞是新創詞，由「網路」（Web）和「卡通」（Cartoon）兩字組合而成。這是一種韓漫（manhwa）風格的網路漫畫，在網上分段連載〔條漫圈稱漫畫段落為「話」（Episodes）〕。條漫這種新的青少年文化類型最早於一九九〇年代後期出現在韓國。從那時起，韓國的青少年和青年開始閱讀條漫，於此同時數位科技也蓬勃發展，特別是智慧型手機、手機應用程式，以及Daum、Kakao和Naver等數位平台（亦稱為入口網站）——這些平台不僅傳播條漫，也是控制整個條漫文化生產過程的生產者和創造者。條漫擁有漫畫的視覺敘事，並結合數位科技和文化內容，成為一種獨特的青少年文化（Jin, D. Y., 2015a and 2020; Zur, 2016）。

雖然網漫在全世界許多地方都很普遍，但「網漫」一詞在韓國並不常見。韓國人使用「條漫」一詞來稱呼網路漫畫，但事實上條漫與網漫並不相同。要為網路漫畫或數位漫畫（digital comics）下定義並不容易，不過，網路漫畫主要是指數位化（掃描）後在網路上發表的實體紙本漫畫。網漫一詞也指專為線上閱讀設計、內容不太長或垂直排列的短卡通故事（Korea Creative Content Agency, 2016）。至於數位漫畫指的是「已轉為數位形式的實體紙本漫畫」（Aggleton, 2019, 397）。

相對而言，條漫通常是由獨立漫畫家專為網路而創作的作品，沒有實體紙本，也沒有人出資贊助。條漫由直條狀的畫面所構成，讀者可以由上至下捲動，通常在智慧型手機上閱讀。換句話說，條漫直向捲動，而傳統韓國漫畫、美國網漫和日本漫畫則都是橫向翻頁閱讀。

關於這點，布洛斯（Burrowes, 2020）指出了條漫能在全球市場穩步崛起的兩大原因。首先，條漫本質上很適合數位閱讀。第二，條漫是彩色而非黑白的。這兩個原因使得條漫在世界各地慣用智慧型手機閱讀、且慣於觀看全彩動畫的人們眼中，具有難以置信的吸引力。這兩個特色再加上容易取得的特性，讓條漫成為全球青少年文化之中最重要的文化形式之一。條漫的直向閱讀方式讓漫畫家得以在螢幕上一次顯示一張大圖，畫面排版限制較少，這對故事講述非常重要（Harvey, 1996; Kim, J. H., and Y, Yu, 2019）。雖然人們經常視條漫為另一種新興的漫畫形式，但條漫跟漫畫很可能有所不同。

韓國不是唯一一個喜愛網路漫畫的國家，但韓國是第一個利用數位科技的重要特色來創作、傳播和消費條漫這種新型漫畫的國家。各種數位平台（包括Naver、Daum和Kakao）發起並推動生產條漫，接著流通全球，以多元的方式讓條漫迷得以參與其中，並建構起包括零食文化（snack culture）和追漫文化（binge-reading，一口氣讀完多話條漫，中間完全不休息或幾乎不休息）的青少年數位文化。在以數位科技為中心不斷變化的媒體生態環境中，條漫成了文化業界必須投入心力開發的新產品，國內與國際上皆然。

條漫的主要特色

條漫的興起是二十一世紀初韓國文化界最重大的突破之一。隨著條漫日漸崛起，韓國本地的漫畫產業戰略性地更動了其商業規範，也有愈來愈多的青少年和二十世代的年輕人將閱讀條漫納入他們的文化活動中。事實上，韓漫產業的歲收已從二〇一五年底的二・七億美元飆升至二〇二〇年的十六億美元（Korea Creative Content Agency, 2021）。有份研究預測，到了二〇一九年時，條漫將占據漫畫產業的七〇%左右，而二〇一〇年時條漫僅占漫畫產業的七・一%（KT Economic Management Institute, 2015）。根據一份報紙報導，二〇一九年十二月時條漫在韓國漫畫市場上所占的比例實際上是五〇%，但該報導並未說明是如何得出這一具體數字（Park, J. W., 2020）。與二〇一五年的預測相比，二〇一九年的數據顯示條漫在市場上並未擴展至預期分量。然而，這兩個數據無疑都證明了條漫在韓漫產業中的成長。韓國漫畫影像振興院（Korea Manhwa Contents Agency，又稱KOMACON）指出，在二〇一〇年代裡，條漫是推動整個韓漫產業的主要力量

（KOMACON, 2018b）。

在文化和科技方面，有幾個重要特徵能解釋韓國條漫為什麼愈來愈紅。首先，條漫在許多國家的數位原生代年輕人（digital native youth）中擁有龐大的粉絲群——包括最喜歡動漫這類文化內容的日本青少年在內——這群人愈來愈少看傳統的紙本漫畫，更喜歡在手機應用程式上看漫畫（Osaki，2019）。條漫隨時隨地都能讀，包括在睡前也行，而且通常很容易快速瀏覽，難怪每天都有數以百計的條漫作品上傳。這點也促進了所謂零食文化的發展——零食文化指的是迅速消費資訊和文化資源，而非深度投入其中的習慣（Miller, 2007; Jin, D. Y., 2019a; Kim, S. J., 2019）。

第二，智慧型手機、手機應用程式和高速網路服務的出現讓條漫得以迅速起飛。這個趨勢代表媒體匯流（media convergence）的重大進展，不僅在於流行文化和數位科技的匯流，更在於其創造出一種新形式的數位文化。詹金斯（Jenkins, 2006）在討論媒體匯流時，講的主要是數位科技裡文化和新聞的流動，讓人可以在電腦和行動裝置上觀看現存的電視節目和新聞。然而，條漫世界的媒體匯流是特殊的，因為條漫本身就是一種新的數位文化。條漫本身沒有紙本印刷原版，這與網路漫畫或數位漫畫形成鮮明的對比。

第三，條漫孕育出了浸淫在數位科技中的新青少年文化。在數位平台持續發展的同時，條漫世界裡出現了像是Netflix和OTT服務平台（over-the-top service platforms）的追劇文化一樣的「追漫文化」。如果條漫讀者耐心等待，他們可以免費閱讀自己喜歡的條漫，但有許多人會付費以便搶先閱讀。條漫平台也提供連續閱讀類似風格和主題的服務，所以讀者不必花力氣就能輕鬆追漫。

第四，以條漫為基底的跨媒體故事講述是條漫生產和條漫文化的重要支線。隨著各種條漫改編而成的電視劇和電影——如《偉大的隱藏者》（*Secretly, Greatly*，二〇一三）、《未生》（*Misaeng: Incomplete Life*，二〇一三）、《奶酪陷阱》（*Cheese in the Trap*，二〇一六）、《我的ＩＤ是江南美人》（*My ID Is Gangnam Beauty*，二〇一八）、《梨泰院Class》（*Itaewon Class*，二〇二〇）、《殭屍校園》（*All of Us are Dead*，二〇二二）等——大受歡迎，許多電影導演和電視製作人轉向開發改編自條漫的文化內容。日本漫畫和動畫已成為日本電影和電視劇的重要素材來源，後來又成為包括美國動畫在內的許多其他國家文化產品的重要來源（Daliot-Bul and Otmazgin, 2017）；同樣地，條漫也成了一種跨媒體平台，條漫角色和故事可以藉由這條新路徑進入電視劇、電影和數位遊戲（Chae, 2018; Hwang, 2018; Park, K. S., 2018）。首先是韓國，然後是其他國家的文化創作者，他們變得愈來愈喜歡條漫，而不再如此青睞動畫、小說等其他原創作品，因為條漫通常有各種新穎的主題，而且讓人上癮。

條漫自身成了跨媒體平台，創造出良性循環，漫畫、卡通裡的人物和故事如今能躍上大螢幕。相較於零食文化，大螢幕文化指的是人們會花更多時間享受的流行文化。例如，看電影需要大約兩個小時，看一集電視劇則需要約六十至九十分鐘。此外，線上遊戲的數位玩家需要花上幾天、甚至幾週的時間才能玩完一個大型的多人線上角色扮演遊戲。在本書中，零食文化和大螢幕文化的差別主要並不在於人們觀賞流行文化時的螢幕大小。觀賞平台本身也正經歷巨大變化。人們家中的電視螢幕愈來愈大，他們也可以用智慧型手機或筆記型電腦在Netflix上看電影。觀看設備或螢幕的大小並不是區分零食文化和大螢幕文化的主要重點。相反地，區別在於不同文化內容的特色。

這個新的媒體環境很可能會繼續存在，而條漫則是一座原創故事的寶庫。條漫擁有存在已久的粉絲群，此外，條漫是電影和電視製作人能加以擴充的敘事和視覺地圖。事實上，許多文化創作者都熱衷於與品質良好的條漫合作。他們可以輕鬆將詳細的原始視覺資料改編為為電影和數位遊戲（Jin, D. Y., 2019a）。

最後但同樣重要的一點，條漫已成為韓流的新趨勢，是一種獨特的跨國文化現象。截至二〇一九年十二月為止，韓國條漫已經出口至北方與南方世界共一百五十多個國家。就像Line Webtoon一樣，Naver Webtoon在同一時期打進了全球一百五十個國家，提供條漫服務（Kim, I. G., 2020）。雖然其他國家的紙本漫畫也曾打入全球市場，但韓國是第一個且是迄今為止唯一一個大規模出口條漫來推動新式跨國文化的國家。條漫掀起了一股新的韓流，這意味著在全球年輕世代享受韓國條漫的同時，全球各地的電視劇製作人和電影導演等文化創作者，以及Netflix等OTT平台，全都在關注條漫，並藉此推動大螢幕文化發展。條漫影響了全球的漫畫市場。跨國文化流動主要是從北方世界流向南方世界。然而，條漫是跨國流動模式的新範例，在此，一個非西方小國（即韓國）的文化產品成功躋身全球市場、參與競爭。

本書的主要目標

過去的幾年裡，已有許多媒體學者、社會學者、文化人類學者和韓國研究學者對條漫做出探討，還有好幾本書和許多學術期刊論文談及與本書內容類似的領域。這些研究是極有價值的資源，因為它們提供了有趣的條漫案例研究與理論討論。然而，有關條漫的著作非常少，英文著作則更少。凱恩、易西斯和福洛（Keane, Yecies & Flew, 2018）在一本合集著作中收錄了兩章有關條漫的內容。我最近的合集著作（Jin, D. Y., 2020）主要討論跨媒體故事講述，其中也有兩章與條漫相關。關於條漫的最新學術著作中，易西斯和希姆（Yecies & Shim, 2021）深入探討了連載內容、漫畫家、代理商、平台和全球讀者之間的動態關係，特別聚焦於東亞地區。有幾本韓文著作（Han, C. W., 2013; Lee, S.J.,

2016; Park, S. H., 2018）針對條漫提出了各種有趣的觀點，包括條漫的歷史和跨媒體性（transmediality），並回顧了條漫發展的早期階段，我在本書中（主要在第一章中）也會討論到這些。不過，上述已發表的作品並未論及最新的主題，例如平台化、追漫、零食文化、新的媒體生態、以ＩＰ為基礎的跨媒體故事講述和韓流。這些與條漫相關但分散的討論顯示出我們對這項新興的文化內容，缺乏全面且系統性的研究。因此，本書旨在提供對條漫作為跨國媒體現象的批判性理解，特別聚焦於青少年數位文化、平台化和跨媒體故事講述。

首先，本書以過去二十年來推動漫畫產業（現在主要是條漫產業）持續向前並改變的數位媒體生態為基礎，試著記錄韓國在地流行文化的演變。為了分析此點，本書主要的做法是探討條漫圈變化的關鍵因素，據此繪出條漫的歷史。本書也探討了各種新概念和想法，包含了這些概念的歷史和背景，使讀者可以輕鬆從歷史的角度理解條漫的演變，並在更廣泛、不斷變化的社會文化媒體環境脈絡中看見條漫是如何誕生的。

第二，本書探討了新形態的數位匯流，討論數位平台如何在條漫製作、傳播和消費的過程中發揮重要作用。條漫的出現與數位科技的發展密切相關，而數位科技的發展也成為了驅動條漫和以條漫為基底的跨媒體故事講述的力量，許多流行文化圈的新藝術家和創作者已經開始利用數位科技與文化內容之間的媒體匯流，來打造新形態的文化。隨著智慧型手機在二十一世紀初出現，人們的生活方式和消費模式產生了重大變化，條漫便在這種新的媒體環境中蓬勃發展。有趣的是，數位平台控制了條漫的整個文化生產過程。我分析了不同的商業模式、基礎結構的轉型和觸及全球的ＩＰ內容，藉此探討少數幾個巨型數位平台如何主導條漫世界。換句話說，我探討了數位平台如何在平台化的過程中，利用了新的數位文化和條漫讀者，我也為讀者提供了一種批判性角度來深入了解條漫的世界。

第三，本書透過新興數位文化的視角來分析條漫，並探討了相關的文化觀點。具體而言，在千禧世代和Ｚ世代透過個人行動裝置和串流服務來消費流行文化的同時，本書會指出條漫平台如何利用零食文化和追漫文化這兩種最新的數位文化形態，來留住遊走於各文化活動間的讀者。我把零食文化與數位平台時代的速度文化（speed culture）放在一起討論。由於這個時代的人們不斷變化的消費習慣與之前的時代（甚至是早期數位媒體時代）截然不同，對條漫世界中零食文化的分析能提供一個新的理論框架，來詮釋數位科技在文化領域中所扮演的關鍵角色。此外，我也將條漫世界的追漫文化與Netflix等ＯＴＴ平台的追劇文化相互比較，以探討條漫迷閱讀條漫的習慣如何產生改變。由於條漫是將「追漫」引入娛樂產業的重要文化形式，本書也探討了人們追漫的原因。本書特別關注這兩種因為數位平台而發展出來的數位文化形態（追劇和速度文化），希望探討這是否是當代世界中流行文化資本化的現象。

第四，本書分析了條漫作為尚未充分研究的文化跨國化現象的發展過程（請見第五章），在這個過程中，跨國媒體科技和青少年文化都被用來產出新的媒體實踐。本書指出，消費條漫是新興的文化趨勢，因為韓國文化產業對本地文化的廣泛運用而出現，這樣的現象不太像是在電影、電視節目、韓國流行音樂和數位遊戲中等主流文化活動中，輕易可見的那種對於西方文化慣例的挪用（appropriation）或混雜（hybridization）。儘管如此，本書認為條漫揭示出一種跨國的動能，標誌出一種超越地域文化脈絡和以西方世界為中心的媒體產業框架的新式文化傳播。有趣的是，條漫在全球所獲得的成功與其韓式風格有關。與強調沉重嚴肅的動作故事、驚悚故事、超級英雄故事的美漫不同，韓國條漫描繪的是融入當地精神的人們日常活動的各種內容（Lim, K. U., 2018）。本書提供了生動的分析，探討條漫作為數位內容在生產、傳播和消費等跨國過程中如何演進，也探討了這種演進如何影響世界各地熱愛條漫的人們的生活經驗。

為了實現這些目標，本書使用了政治經濟學和文化研究這兩種不同卻又相關的角度切入研究，從而揭示出結構性的力量與全球媒體中的文本使用之間的動態關係。換句話說，本書結合了政治經濟學（分析歷史和制度）和文化研究（對於重要條漫作品和社群媒體發文的文本分析，以及與尹胎鎬等條漫創作者的深入訪談）。書中也詳細介紹了條漫作為一種跨媒體故事講述方式的各個階段、其作為韓流分支的全球傳播及文化進程，並藉此描繪出一個將商品化的文化推向全球的跨國系統。這有助我們釐清當前關於文化消費習慣轉變與文化產業中新的資本化手法的爭論。本書以政治經濟學的方法，討論了科技如何在文化生產、傳播和消費各個階段中扮演著不可或缺的角色，以及其對讀者參與條漫的文化討論如何有助於跨國文化研究。為了描繪出條漫和跨媒體故事講述的歷史發展，本書使用了一些尚未被充分利用的文獻，包括韓國政府和韓國文化產業振興院（Korea Creative Content Agency）每年出版的白皮書，以及條漫平台和各種研究機構的產業報告。這些文獻有助於將各種訪談放回其脈絡之中，並將其與條漫、漫畫領域中更廣泛的文化政策進程連結起來。

整體而言，本書希望擴展現有關於數位文化、跨媒體性和跨國文化研究的經驗界線和理論界線，並探討跨越文化形式、跨越國家邊界的條漫文化生產活動。我試圖建立一個以實證為基礎的批判性框架，藉此理解複雜的條漫文化生產活動，也希望日後辯論的結果，能夠讓批判性媒體研究和文化研究擁有更堅實的理論基礎。

了解數位跨媒體故事講述與媒體匯流

條漫文化是一種新興的綜合性文化，涵蓋文字、圖畫和數位科技，也是流行文化和數位科技的匯流之處，因此，我們很難套用任何現有的理論框架。此外，條漫的獨特性也讓我們必須訴諸各種不同的理論，例如與跨媒體故事講述、平台化和跨國性相關的理論。條漫領域的跨媒體故事講述是最重要的理論框架之一，它將媒體匯流、平台化和數位文化等次要的相關理論連結在一起。

故事講述（storytelling）的歷史與人類歷史同樣悠久，這向來也是一種重要且有效的方式，用來在世代之間傳承知識與資訊、保存文化遺產（Yilmaz and Cigerci, 2019）。跨媒體故事講述並不是什麼知識和資訊傳播的新形式。自二十世紀初以來，跨媒體故事講述已逐漸成為文化生產活動的主要策略之一，早期將小說改編為廣播和電影的活動便是明證。不過，跨媒體故事講述對於二十一世紀的文化創作者來說特別具有吸引力。尤其是條漫，它開啟了韓國與國外新型跨媒體故事講述的大門。跨媒體性無論理論上或實踐上都是驅動條漫的力量，也是其核心，本書因而特別強調幾個以條漫為基礎的跨媒體故事講述的重要特色，希望與舊式的故事講述形態做出區分。

第一，若要理解跨媒體現象，[3]其主要特徵之一是跨媒體故事是透過多個媒體和平台所講述的。例如超人（Superman）的故事始於一九三八年的美國漫畫書，在電視劇中繼續發展，然後擴展成長篇的人物故事電影，還推出了新的互動冒險電玩（Daniels, 1998）。一九四〇年代，廣播和電視開始播出超人的故事，這個故事最後在一九七八年首度登上大銀幕（Scolari, 2014, 70）。最初的跨媒體故事講述理論將其描述為「一個過程」，「在過程中故事的完整元素被系統性地分散到多個傳播管道」（Jenkins, 2007），它主要被理解為一個由匯流來驅動的媒體產物所構成的和諧系統，「在媒體和產業之間創造出新的協同作用」（Hay and Couldry, 2011, 473）。跨媒體故事講述是文化產業中的重要技術，「跨媒體意味著在不製造任何重複或干擾的情況下，在不同的技術平台上提供故事內容，同時經營不同觀眾群所體驗到的故事」（Giovagnoli, 2011, 8）。具體而言，跨媒體故事講述提供了新的機會，讓文化產業中的多樣性能夠增加，人們也能以更有意義的方式參與其中（Baker and Schak, 2019）。

由於媒體生態不斷變化，跨媒體故事講述的重要特色也隨之持續改變。弗里曼（Freeman, 2018）便曾指出，媒體和文化產業的定義受不斷變化的狀況所影響，伴隨這些狀況出現改變，跨媒體故事講述的模式也會跟著重新建構。確實，當代的媒體匯流讓目前的跨媒體故事講述的步調變得更加緊迫，因為媒體創作者大量利用內部企業聯繫和數位平台（Freeman, 2018）。然而，這份緊迫不必然能創造出一幅「故事總在多個平台上平順展開、每個媒體都以其獨特的方式幫助我們理解世界」的媒體景觀（Jenkins, 2006, 336）。法斯特和歐納布林（Fast and Örnebring, 2017, 637）認為，與其將跨媒體故事講述的概念限縮在「安排好的創作策略層面」，「強調跨媒體世界在媒體之間延伸時幾乎必然會出現的脫節和矛盾」也很重要。

第二，與超人所代表的舊式跨媒體故事講述相比，二十一世紀初當代條漫領域的跨媒體故事講述與包括平台科技在內的數位媒體密切相關，而平台科技正持續成長變化。與其他形式的跨媒體故事講述不同，以條漫為基礎的當代跨媒體故事講述可以被歸類為數位故事講述（digital storytelling），其定義為「二到四分多鐘的多媒體故事、使用照片、影片和圖畫來講述個人故事、由說故事者親自敘事」（Hancox, 2017, 53），這就是數位跨媒體故事講述。條漫作為一種零食文化正彰顯了數位故事講述的上述特色。此外，跨媒體故事講述更跨越多個平台和格式來講述單一故事，不過單就條漫而言，數位科技的運用特別重要（Ram, 2016）。正如弗里曼（Freeman, 2017, 32）所說的，「數位平台以最突出、最頻繁的方式建構出跨媒體的虛構故事世界；線上協力者則利用社群媒體和影片網站等數位工具來植入特定故事世界的故事元素（in-universe artifacts）」。

實際上，故事講述隨著數位科技的進步逐漸發展成了數位故事講述（Yilmaz and

Cigerci, 2019）。數位故事講述使用數位媒體與圖像、音樂、聲音和敘事來調整傳統的故事講述方式，以創造出擁有豐富媒介的故事。數位故事講述使用電腦相關工具，透過各種不同的多媒體格式傳播，包括智慧型手機和社群媒體平台。數位故事講述與經典故事講述的不同之處在於，「它代表著現代世界的民主化，任何擁有電腦或行動裝置的人都能使用任何社群媒體、podcast或其他線上平台來講述他們的故事」（Bryne, 2019）。

全球青少年對於智慧型手機的依賴（主要是因其便攜性和親密感）是青少年文化成長的關鍵因素——尤其是零食文化和追漫文化，這兩種文化主要源自韓國，代表著二十一世紀初韓國文化圈中最重要的文化趨勢。數位故事講述作為一種技術可以追溯至電影時代早期，但這份技術是在智慧型手機的時代爆炸式成長、獲得廣泛應用。有了相機和編輯程式，任何人都能成為攝影師或影片創作者。媒體、設備和平台的數目不斷增加，提供人們各種選擇。不過到頭來，故事的講述仍是關鍵（Bryne, 2019）。舉例而言，許多人把自己的影片上傳到YouTube，成為跨媒體故事講述的源頭。

然而，條漫之所以如此獨特，是因為文化創作者重度依賴條漫來創造大螢幕作品。條漫是完美的整體：既是數位科技所創造出的當代大眾文化的一部分，又具有改編成大螢幕文化產品的潛力。仰賴數位科技而發展起來的條漫作為零食文化的一部分，如今已經成為大螢幕文化產品的主要源頭，這與數位故事講述的角色日益重要一事有著深刻的關聯。在全球文化產業中，許多觀眾透過數位科技來享受流行文化。小說、漫畫和動畫以書面的形式出現後，讀者不是按原樣閱讀文字文本，就是透過數位平台和網路等數位科技來觀賞。雖然這些文本各有特色，但此處所討論的匯流是指在數位媒體時代將文化內容與數位科技相結合，使文化創作者和讀者都能享有最大程度的益處。

第三，延續前面的討論但以不同方式切入：跨媒體故事講述與媒體匯流密切相關，此處的匯流則指的主要是新舊媒體合流。跨媒體故事講述可能是「媒體匯流之中擁有最多美學理論的領域」（Freeman, 2015, 215）。關於這點，詹金斯（Jenkins, 2006, 2–3）認為，媒體匯流的一個重點是「內容在多個媒體平台間流動」。因此，他（Jenkins, 2006 and 2007）使用「平台」（platform）一詞，將媒體（media）描述為一種文化內容可以在其中被傳遞和傳播的管道或媒介。易西斯（Yecies, 2018, 135）分析韓國條漫在中國的傳播時，似乎也理解到平台是通往行銷中介和全球化過程的管道：「我們可以說這個『條漫宇宙』足夠寬敞，可以容納線上和行動裝置的空間和介面及其所有內容，包括條漫商、（業餘的、普通的和名氣響亮的）漫畫家、平台、應用程式、新科技和設備，以及政策制定者、譯者和國內外的讀者。雖然我們還不知道這個條漫宇宙會擴張至何等規模，但這種新的數位螢幕媒體在媒體全球化新浪潮中的存在感，正變得愈來愈明確。」不過，這樣的描述本身並不足以完整描繪出跨媒體故事講述的社會、文化和一般面向。事實上，數位平台的概念經常以下列三種方式呈現：「作為一種科技，作為一種產業，或作為一種文化或文化內容」（Beddows, 2012, 11–12）。因此，本書中關於「平台」和「媒體匯流」的概念應與原先的概念大不相同（請見第一章）。

同樣地，我們必須理解到，使用條漫來跨媒體講述故事不僅是將故事從原始文本改編至不同的平台而已，也會擴展、壓縮原始文本來適應各平台的獨特性（Scolari, 2017; Jin, D. Y., 2019a）。正如一些學者（Suzuki, 2019; Steinberg, 2012）所指出的，跨媒體故事講述不僅涉及文本，還涉及人物和視覺圖像。這意味著人們在過去對於改編文本故事的關注還不夠全面，也反映出當代對視覺圖像的重視。我們必須明白，跨媒體故事講述不單只是將原始文本改編成另一種文化形式：相反地，此事必定涉及擴展文本以適應不同文化形式的視覺特性（Jin, D. Y., 2019a）。

舊式的媒體匯流——傳統媒體和新媒體的合流——無法充分解釋條漫文化，因為條漫是文字文本和數位科技的綜合體。條漫創作者從一開始就將自己的作品視為數位產品，而不是先撰寫文字、繪製圖片，然後再透過數位科技展示作品。因此，從生產到傳播再到消費，條漫作者和讀者都使用著數位科技。條漫不單是媒體匯流的案例，而是媒體匯流的一種新形式。透過條漫，韓國發展出一種新式的跨媒體故事講述。文化產業的業主開始關注條漫，並將其改編為自己屬意的文化形式。正如史塔夫羅拉（Stavroula, 2014,

28–29）所指出的，「科技進步創造出新的故事形式」、「數位故事是數位敘事創作的一種簡短形式」。「數位故事將動態畫面與語音、音樂、聲音、文字、圖像結合在一起。」條漫是韓國跨媒體故事講述的新興形式，也是最重要的一種形式。

於此同時，以條漫為基礎的跨國跨媒體性（transnational transmediality）也在不斷成長。從與韓國條漫密切相關的比較角度來看，日本是在漫畫和動畫的基礎上發展出跨媒體故事講述，許多日本電影導演和電視製作人將媒體產品改編成大螢幕作品。以媒體組合（media mix）一詞的角度切入（Steinberg, 2012），我們可以看見日本動漫或漫畫作為素材在全球文化市場（包括美國娛樂產業）中的影響相當顯著（Daliot–Bul and Otmazgin, 2017）。日本漫畫長期以來一直是日本文化產業跨媒體實踐的中心（Joo, Denison, and Furukawa, n. d., 17–19）。與日本漫畫相比，韓國條漫直到近年才開始流行。二十一世紀初，許多韓國文化企業發展出以條漫為基礎的文化商品，文化創作者也都會考慮以同樣的方式改編條漫。對他們來說，條漫是一種很容易改編的原創作品，因此，以條漫為基礎的跨媒體故事講述已模糊了各風格類別、各個平台，甚至各娛樂種類之間的界線（Jin, D. Y., 2019a）。在韓國，隨著流行文化（尤其是條漫文化）和數位科技快速發展，跨媒體故事講述已成為文化產業中的常態。

條漫確實改變了跨媒體故事講述的文化。在文化產業中，以條漫為基底的跨媒體性已成為新的常態，因為它超越了傳統的單一來源多用途（one-source multi-use，OSMU）框架或跨媒體故事講述——這是指使用已在其他文化類型中獲得成功的文化內容，進行再生產的做法（Kim, M.R., 2015; Kwon, M.S., 2020）。過去的文化創作者在使用書籍和漫畫作為大銀幕文化的素材時，是在這些材料出版後才接觸它們。條漫與這個現存的文化內容模式的不同之處在於，人們會同時規畫和生產各種文化產品。許多數位平台和條漫創作者從一開始就考慮到不同的生產方式。當他們開始發表新的條漫作品時，已經在想如何將其改編為電影或電視劇，條漫的生產與電影和電視產業便因此產生緊密聯繫。

許多國家的文化創作者也以韓國條漫為基礎，迅速發展出自己的文化內容。在此，條漫再次為其他的流行文化形式提供了豐富的原始故事。有許多韓漫產業的專家認為，擁有眾多獨特角色和故事的條漫甚至有能力威脅美國的漫威宇宙（Choi, I. J., 2020）。由於條漫擁有穩固的粉絲基礎，其漫畫形式充滿敘事和許多視覺圖像，所以不論是韓國或海外的文化創作者都能很輕鬆利用條漫來當作創作的基礎。許多電影製片人和公司都熱衷於改編品質良好的條漫，因為他們可以利用裡面詳細的文字和畫面來製作電影、電視劇和動畫。跨媒體似乎已成了韓國在地文化和全球文化生產的常態（這與生產文化和消費文化都有關聯），條漫正逐漸成為當代文化產業的新標準。然而，條漫平台在跨國跨媒體故事講述中的作用相當廣泛，跨媒體性因此受到了數位平台的形塑與影響。

本書架構

本書的架構如下。第一章記敘韓國條漫的發展，將條漫的歷史分為四個不同的時期（分期依據為條漫的發展、作為跨媒體故事講述的源頭、與數位平台的關係，以及條漫風格類別的轉變趨勢），並討論了每個時期的主要特徵。最能代表第一時期的是一九九〇年代末至二〇〇〇年代初在自己的網站上繪製角色的創作者。第二時期始於二〇〇三至二〇〇八年間，此時條漫創作者開始在入口網站上發表漫畫。第三時期始於智慧型手機問世之際，從二〇〇九年持續到二〇一〇年代中期。第四時期始於二〇一〇年代中期左右，此時條漫成為了韓流的主要元素之一，因此也成為跨國青少年文化其中一個重要元素。相對於在同一時期呈下降趨勢的日本動畫，第一章討論了韓國條漫為何能成為如此重要的跨國文化商品。

第二章討論的是韓國條漫產業的政治經濟學。儘管有新的條漫平台，但大多數的條漫創作者仍然喜歡在Naver Webtoon和KakaoPage（包括Daum Webtoon）上發表他們的作品，所以條漫讀者必須使用這些平台來閱讀條漫。因此，有幾個巨型的條漫平台透過各種商業策略（包括條漫生產、基礎結構轉型、建立全職畫家公司和以ＩＰ的跨媒體）來大幅拓展和強化自己在條漫產業中的主導角色。本章從平台化的角度來檢視條漫產業。

第三章主要討論與條漫相關的新青少年文化，特別是零食文化和追漫文化這兩種新的數位文化商品形式。二十一世紀初，全球各地的年輕人主要使用智慧型手機來消費流行文化，他們會以最短的時間來消費碎片化的內容——這促進了零食文化的發展。千禧世代和Z世代也會追條漫。有些讀者往往等不及條漫平台免費更新，他們會付費搶先閱讀。也有些讀者會等待更新後再閱讀，這代表條漫平台利用零食文化和追漫文化來建構出他們的商業策略。因此，本章將會探討條漫迷如何為了追漫而調整自己的閱讀習慣。條漫可說是第一個引入零食文化和追漫文化的主要文化形式，所以本章也探討了人們為何在享受條漫的同時也浸淫在零食文化和追漫文化中，並討論條漫平台如何利用這兩種新的文化來建構出最有利可圖的商業模式。

第四章分析了以條漫為基底的跨媒體故事講述——這已成為當代娛樂產業的重要特色之一。包括電視節目和電影在內的傳統韓國娛樂產業找不到吸引人的內容，因此開始關注條漫。對於文化製造商而言，條漫是絕佳資源，因為條漫的原始主題和故事通常已經很堅實，要在其上添加戲劇性元素是很容易的事。許多電影和電視劇製作人都對品質良好、廣受讀者歡迎的條漫很感興趣，因為它們擁有豐富多彩的詳細圖像，可以加以改編成電影或電視劇。本章也探討了條漫如何在近年來大量成為韓國文化領域跨媒體故事講述的主要源頭，並分析條漫的風格類別和一些重複出現的主題，這些主題在過去的十五年中經過重新構思而躍上大螢幕，反映出數位跨媒體故事講述的重大趨勢和特徵。

第五章探討條漫的國際影響力。本章會提到數位韓流（digital Korean Wave），數位韓流不是單獨的韓流趨勢，而是整個韓流中嶄新而重要的一部分。在韓國取得巨大成功後，韓漫產業和數位科技公司戰略性地滲透至亞洲其他地方的市場和西方市場。條漫擁有大量相當成功的原創故事和人物（其中有許多已被改編成其他娛樂形式，如電影和電視劇），如今的人們認為條漫是下一個世代的文化內容，可能會吸引海外漫畫讀者和漫畫迷。二〇一〇年代裡，有些新興漫畫家甚至在美國成立了工作室，以吸引外資，同時擴大自己在國外市場的影響力。隨著條漫的力量擴及全世界，韓國漫畫也成了好萊塢電影的素材來源，條漫創作者不僅準備進攻網路漫畫市場，也使用了在地化的策略來攻入電影和電視劇的市場。

第六章探討的是條漫創作者的職涯發展和軌跡、培訓過程，以及通常的工作環境，也收錄了與著名條漫畫家尹胎鎬的談話，並記敘他成為獨立條漫畫家前在師徒制漫畫產業中的獨特經歷。與其他條漫創作者不同的是，他創立了一間條漫公司（Nulook Media）；與其他廣受歡迎的條漫創作者相比，他所處的位置更能充分理解這個產業的脈絡。這章也深入探討了尹胎鎬對於條漫、條漫創作者和條漫文化的觀點，相當有趣且引人入勝。我藉由深度訪談獲得這些觀點，並依次分類以供讀者參考。

第七章則對於數位科技時代中，條漫進入的新階段之主要特色做出總結。我們在此會重溫條漫世界的兩個維度——數位跨媒體故事講述和跨國青少年文化，並且檢視跨媒體故事講述和跨國文化流動能如何被理論化，以及條漫現象如何敦促我們將其理論化。

1 條漫在數位平台時代的演變

韓國於一九九〇年代中期開始發展寬頻服務、入口網站、有線電視頻道和智慧型手機等資訊與通訊技術，自此開始，韓國以「網路最發達的國家」而聞名於世。韓國的高速網路科技快速發展（韓國是一九九〇年代網路普及率最高的國家），也開發出新的智慧型手機技術（韓國是全球最大的手機製造國）。智慧型手機的出現大大改變了人們的日常生活，也顯著影響了青少年文化。這些尖端科技帶來了許多重大影響。具體而言，數位科技和文化內容之間的科技匯流仍是穩定運作的趨勢，數位平台和智慧型手機因而成為條漫創作者向廣大讀者發表作品的工具。條漫在二十一世紀初不斷變化的媒體環境中得以蓬勃發展（Song, J. E., Nahm, and Jang, 2014）；因此，根據過去二十年的社會文化媒體生態的轉變來了解條漫的發展趨勢是很重要的。

本章將會討論推動條漫演變的關鍵要素，以此記錄條漫的歷史。此處將條漫的歷史分為四個不同的時期，並根據一些重大特徵（包括條漫的發展、作為跨媒體故事講述的源頭、與數位平台的關係，以及條漫類別的變化趨勢）來探討四個時期各自的主要特色。所以，本章也可說是根據相應的新媒體生態，寫下了韓國條漫自一九九〇年代末以來的演化史。我們在此指出歷史上的各種突破，進而探討條漫如何成功晉升為數位時代韓國青少年文化的招牌之一。

數位文化來襲：從韓漫到條漫

漫畫向來是許多人（尤其是各地青少年）喜愛的重要文化類型之一。漫畫是一種以圖像來敘事的媒介，通常搭配著文字。換句話說，漫畫是一種文字與畫面交織的媒體，因此讀者也必須練習「視覺和語言的詮釋技巧」（Eisner, 2008, 2; see also Cho, H. K., 2016）。麥克勞德（McCloud, 1993）對於漫畫的定義也很類似：並置順序經過仔細安排的圖片和其他圖像。在大多數情況下，漫畫多半以一連串塊狀圖像的形式出現。韓國漫畫是韓國條漫的源頭，所以我首先在此陳述本地脈絡下的漫畫簡史，這是條漫的史前史，能為條漫研究提供基礎，特別有助於我們了解韓漫產業的變遷，以及漫畫家如何進化為條漫創作者。

韓漫簡史

韓漫的歷史始於一九〇九年六月，韓國一份早期的報紙於該月刊出了第一篇諷刺漫畫。十九世紀末或二十世紀初發行的報紙和其他刊物是種以文字為基礎的文化形式，也都會使用漫畫和卡通來吸引讀者。報上刊登的連環漫畫（cartoon strip）是大眾傳媒中最早出現一種的漫畫形式（Sohn, S. I., 1999）。《大韓民報》（*Daehan Minbo*）於一九〇九年開始發行，並於六月二日在頭版刊登了李道榮（Lee Do-young）所創作的漫畫。這是單格漫畫，形式上則是諷刺漫畫與插畫。由於其內容和表現形式與日後的漫畫相仿，因此被認為是韓國最早的漫畫（Bang, 2018）。一九二五年，另一份報紙《東亞日報》（*Dong-A Ilbo*）開始刊登安碩柱（Ahn Suk-Joo）所創作的四格連環漫畫。第三份報紙《朝鮮日報》（*Chosun Ilbo*）則在一九二四年聘請漫畫家金東成（Kim Dong-sung）為其繪製漫畫，也開始刊出各種探討當代問題的漫畫和諷刺畫。然而，一九二〇年代後期，日本殖民政府開始禁止報紙刊出這些啟發人心的諷刺漫畫，報紙漫畫因此消失。於此同時，「在一九一〇至一九四五年的日本殖民時期，漫畫文化開始從日本傳播至朝鮮半島」（Chie, 2013, 87）。一九四五年韓國脫離日本殖民，美軍接著進駐，他們沿用了許多日本制定的政策。一九五〇年韓戰爆發，一九五三年戰爭落幕。在這段期間，漫畫被用作政治宣傳的媒介；此外，為了安撫和分散兒童對戰爭的注意力，也出版了以兒童為讀者的漫畫書。這些被稱為畫片漫畫（ddakji manhwa或ddegi manhwa）的漫畫書是品質較差的薄畫冊，內容卻充滿了冒險和幻想（Park, I.H., 2006）。

報紙漫畫經歷了政治壓迫。在一九五〇年代中期到一九六〇年代中期出現了所謂的「漫畫房」（manhwabang，bang為房間之意），提供大量漫畫書出租服務。漫畫房是現代韓國獨有的「房文化」（bang culture）的先驅。流行文化在各方面都有新發展，隨之誕生了各種類型的「房」，例如卡拉OK房（nolabang）、網咖房（PC bang）和影片房（video bang）。漫畫房在韓國各地流行起來，因為漫畫是人們最喜愛的娛樂商品之一，深受歡迎。一九六〇年代末期時，韓國大約有二萬間漫畫房，可媲美二〇〇〇年代網咖房的榮景。然而，由於數位科技和條漫的崛起，漫畫房的數量在二〇一八年已銳減至只剩六百九十間（Hong, J. M., 2012; Korea Creative Content Agency, 2020a）。

在這樣的狀況下，韓漫開始分出各種不同的風格類別，以迎合不斷增加、各式各樣讀者群的口味。一九八〇年代，漫畫逐漸發展成一種新的視覺文化。當時的韓漫與一九八〇年代的藝術風格有所連結，在視覺上變得更加豐富（Park, I. H., 2006）。雖然漫畫從未被認為品味高雅或具有教育意義，但它確實已發展成一種獨特的文學體裁，以不尋常的品味和敘事為特色（*Korea Times*, 2009）。二〇〇九年是韓國漫畫產業誕生一百周年，韓國文化體育觀光部推行了一項一千四百億韓元（約合一億美元）的專案，希望擴大並加強漫畫與電影、動畫、電視劇和遊戲等文化和資訊科技領域的連結（*Korea Times*, 2009）。

一九九〇年代末期，漫畫已成為重要的大眾文化領域之一。無獨有偶，韓國條漫的歷史正能追溯至一九九〇年代末期。條漫是韓國最新的文化形式（比流行音樂還要新），在一九九〇年代中期流行起來。新世代的條漫似乎開始取代傳統韓漫的地位，不但本身迅速成長，漫畫家的地位也跟著上升。此時，他們「不再是低調的地下藝術家」，而是「人人關注的名人」，擁有相對體面的收入並獲得大眾認可：「在一九八〇、一九九〇年代開始職業生涯的傳統漫畫家們，拜師於一九六〇、一九七〇年代裡掌管漫畫產業的導師門下，經歷了漫長而艱苦的學徒生涯，他們的崛起需要時間。至於條漫作者，他們有些人在一夕之間成名，線上讀者給了他們即時的回饋。因此，他們的表達方式和內容與傳統漫畫並不相同。傳統韓漫更強調繪畫技藝，而條漫可能不那麼具藝術性，而是以故事為導向，注重迎合大眾口味」（Chung, A.Y., 2014a）。條漫很快便主宰了漫畫世界，而傳統漫畫家也紛紛轉型為條漫創作者。因此，我們在條漫的發展過程中可以看見一些重要的元素，像是市場結構、條漫平台和條漫類別等。

認識不斷變化的條漫產業

二〇一八年裡，日本的漫畫產業收入為三百八十六億兩千萬美元（這是全球最大的漫畫市場），其次依序為美國、中國、德國和法國。韓國是第六大市場，收入為一百〇五億兩千萬美元（Korea Creative Content Agency, 2019a and 2020a）。韓國國內的漫畫產業快速成長，其中條漫產業如今已是全球第一。在世界各地，紙本漫畫已失去動能，如果以收入來衡量，其市場規模持續下降——部分原因正是數位漫畫或網路漫畫的出現。條漫是種獨特的漫畫形式，與紙本漫畫的風格和傳播方式都有所不同。

韓國的紙本漫畫也面臨過類似的挫折，但這個國家迅速適應了媒體生態的變化，並發展出新的青少年流行文化——條漫。隨著數位科技（尤其是智慧型手機）進駐人們的生活，條漫迅速成為了青少年文化的重要領域。自二〇〇九年iPhone和Galaxy在韓國揭開手機世代的序幕以來，條漫創作持續成長。在二〇〇〇年代的早期條漫年代，每年只出現幾部條漫作品，但隨著智慧型手機出現，條漫作品的數量也急遽增加。二〇一〇年，只有發表了一百六十三部條漫作品，但二〇一九年裡，有二千七百六十七部條漫作品問世（Korea Creative Content Agency, 2020b）（表1.1）。

推動條漫前進的力量有許多，但條漫平台的出現肯定是主要力量之一。在條漫的早

表1.1　2014至2019年韓國條漫發行部數

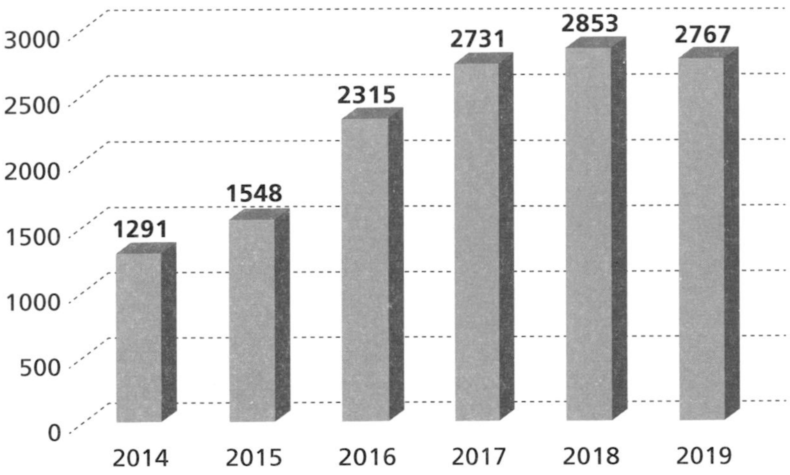

資料來源：Korea Creative Content Agency（2020b）。

期發展階段，Daum Webtoon（後改名為Kakao）和Naver Webtoon這兩個大型的入口網站提供了發表條漫和消費條漫的空間，扮演關鍵的角色。二〇一〇年代末時，約有六十個專門的條漫平台——包括Lezhin Comics、BomToon和Justoon等——推出眾多條漫作品（Korea Creative Content Agency, 2019a）（表1.2）。舉例而言，二〇一八年最大的條漫平台BomToon推出了二百七十七部條漫，其次是Daum Webtoon（二百〇一部）、Naver Webtoon（一百九十七部）和TOPTOON（一百七

表 1.2 各平台推出的條漫部數（2019 年統計）

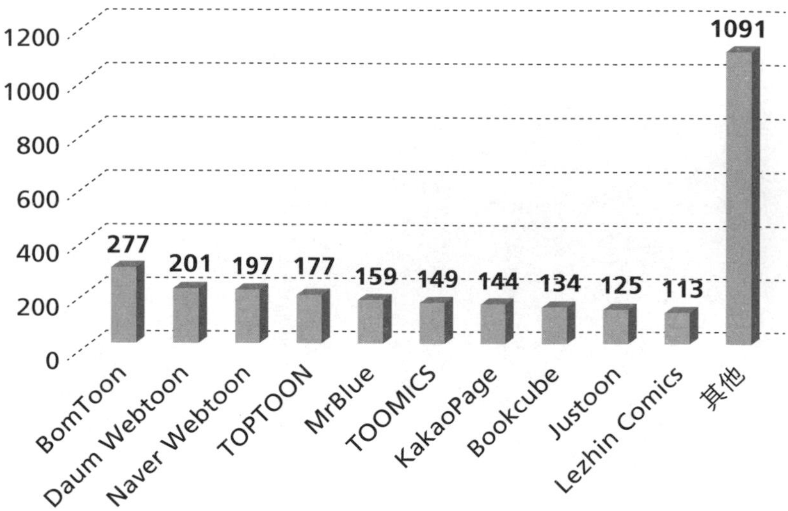

資料來源：Korea Creative Content Agency（2020a）。

十七部），MrBlue（一百五十九部）、TOOMICS（一百四十九部）和KakaoPage（一百四十四部）（Korea Creative Content Agency, 2020c），與二〇〇〇年代和二〇一〇年代初主要的條漫平台Naver和Daum相比已相當不同。

然而，我們必須了解有幾個條漫平台仍持續扮演重要角色，如Naver Webtoon、KakaoPage和Daum Webtoon。二〇一四年，Daum Webtoon和韓國行動通訊軟體KakaoTalk的營運商Kakao Corp合併為Daum Kakao，並在二〇一五年更名為Kakao，更名的目的是為了強化其通訊軟體平台供應商的身分（Lee S. Y., 2014; Korea Herald, 2015）。Kakao早在二〇一三年時便已推出KakaoPage，這是一個數位內容市場，品牌和個人都能在此創造並傳播影音和文字內容（包括漫畫和類型小說）。後來，Daum Webtoon便合併至KakaoPage上。

儘管許多條漫平台都定期推出作品，也有固定讀者群，但上述三個大型平台的使用者來訪數和頁面瀏覽數都是最高的——就使用者的角度而言，這兩個數字是最重要的人氣指標。二〇一八年，Naver Webtoon的使用者來訪數占了總使用者來訪數的五六・六%，而KakaoPage和Daum合計的使用者來訪數則占了一九・九%，三大平台總共占據了總使用者來訪數的七六・五%。此外，Naver Webtoon的頁面瀏覽數占整體的六七・七%，而KakaoPage和Daum的頁面瀏覽數共計占整體的一四・五%，這三大平台控制著八二・二%的頁面瀏覽數（Korea Creative Content Agency, 2019b）。這意味著這些早期的平台仍然比新的條漫網站更重要。因此，後面的章節將會集中討論Naver Webtoon／Line和KakaoPage／Daum這兩個平台，而非近期出現的平台。

隨著這些平台推出各種主題的條漫，二十一世紀的條漫風格不斷變化，要對不同的風格類別做出描述並不容易。在條漫出現的早期階段，純情漫畫（sunjeong）是一種主要的風格類別，但隨後便出現了包括ＢＬ（指男性之間的愛情）在內的不同風格。純情漫畫於一九五〇年代出現在韓漫界。韓戰過後，韓國陷入貧困之中，社會中弱勢族群（如婦女和兒童）的生活極為困苦。在這種情況下，純情漫畫作為一種安慰人心的漫畫風格出現在韓國，尤其受到女性和兒童的歡迎。純情漫畫訴說著熱心、善良者幫助他人的故事，給許多讀者帶來了安慰（Yoon, Y. W., 2001, 22–23）。

從那時起，條漫的類別以倍數增加，在二〇一〇年代中期已出現約三十五種確定的類別，包括劇情類、搞笑／喜劇類、奇幻類、日常類（il-sang）、動作類、驚悚類、ＢＬ類、運動類以及成人類。劇情類是最大的類別，二〇〇〇年代初至二〇一三年間出版的一千九百二十八部條漫中，劇情類便占四百七十八部（二四・八％），其次是搞笑類（一八・一％）、奇幻類（一二・七％）、卡通類（六・七％）和驚悚類（五・六％）（KOMACON, 2015）（表1.3）。前三大類別——劇情、搞笑和奇幻——占整體條漫的五五・六％。條漫的故事（尤其是史詩冒險條漫）通常包含多條情節支線，所以並不容易歸類。有些條漫因為其主題被簡單歸類為戲劇類，這也是戲劇類成為條漫最大類別的原因（Kim, S. J., 2019）。當然，隨著時間的推移，各大類型的比例也迅速變化。若與韓國電影相比，一九七一至二〇一六年間韓國電影的前三大類型（劇情片、動作片和喜劇片）所占比例共計高達七五・五％（Jin, D. Y., 2019b），而韓國條漫的類型分布則相對平均。

雖然有幾種熱門的條漫類別主導著條漫市場，但也存在著許多描述當代韓國社會的特定類別。數位時代裡，韓國條漫的主題和風格類別變得更加多樣，並改編為國內外大

表 1.3 2000 年代初至 2013 年各條漫類別所占百分比

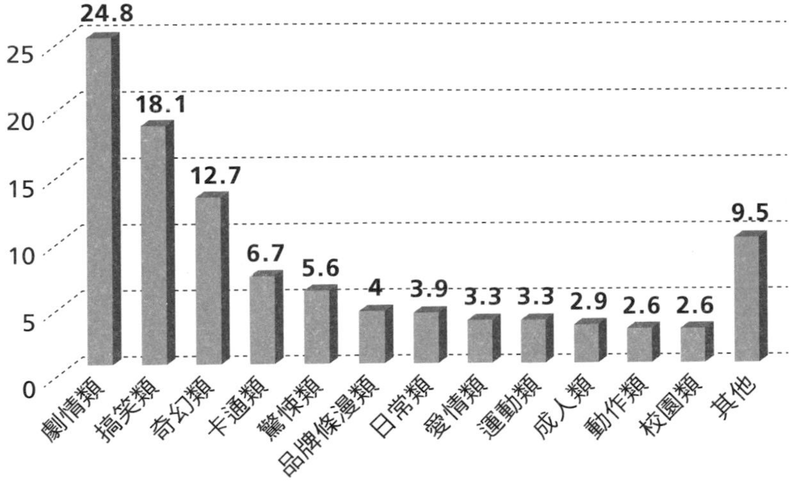

資料來源：Korea Manhwa Contents Agency（2015）。

螢幕文化的產品。考慮到這些重要的發展，下文將根據數位科技、跨媒體故事講述和主要風格類型等關鍵元素來書寫條漫發展的歷史。

第一代條漫：條漫的誕生（一九九七至二〇〇二年）

與電影、電視劇和韓國流行音樂等其他文化形式相比，條漫的歷史相對較短，因此我們可能會期待能夠找到關於條漫起步階段的明確歷史證據。不過，與韓漫的情況不同，學界對於條漫出現的時間點尚未達成共識。雖然許多學者和政府文件都討論過條漫的歷史，但這些討論並不一致，也有些討論一再引用錯誤的資訊。因此，重要的是確定「條漫」一詞是在何時首次出現、與哪些概念相關、在什麼情況下出現。

有些韓文（Yoon et al., 2015; Kim, K. A., 2017; Park, S. H., 2018）或英文（Yecies, 2018; Jeong, J. H., 2020; Park, H. S., 2021; Yecies and Shim, 2021）的學術著作探討了條漫和條漫現象的誕生。其中，有學者（Park, S. H., 2018）認為「條漫」一詞最早出現於二〇〇〇年，包括《朝鮮日報》在內的幾份報紙和名為千里眼（Chollian）的搜尋引擎都於該年首度使用這個詞彙。韓國漫畫影像振興院（KOMACON, 2015）表示，該詞最早出現於二〇〇〇年四月二十八日，當時《朝鮮日報》刊出了一篇名為〈（動圖漫畫）條漫這個新類別〉的文章。易西斯和希姆（Yecies and Shim, 2021）也表示，《朝鮮日報》在二〇〇〇年四月時首次在韓國本地的語境中使用條漫一詞。同時，別的學者（Kim, K. A., 2017）則說該詞於二〇〇〇年七月時首次出現在大眾媒體上。

然而，根據我的報紙檔案研究，條漫一詞於一九九九年六月二十二日便曾出現在《中央日報》（*JoongAng Ilbo*）的報導中，指的是「專為網路創作的新型韓國漫畫」（Chung, H. M., 1999）。該文章使用條漫一詞來指稱「人們可以在網上閱讀的韓國漫畫」。[1]在二〇〇〇年一月二十二日發表的另一篇報紙文章中表示，「條漫」這種新型的漫畫正在改變網路漫畫市場（Bae, I. H., 2000）。從這些大眾媒體的報導可以推斷，雖然當時的概念與現在有所不同，但在條漫誕生的一九九〇年代末確實出現了一些相當重大的發展。

由於很難確定第一部條漫究竟是哪一部，我認為最好是透過下列四個科技發展來記錄網路條漫的初代歷史：網頁報紙的崛起、網路韓漫播送公司、個人主頁和古早的網路搜尋引擎。這些早期的數位科技確實成了條漫發展的基礎。

初代的條漫可以追溯到一九九〇年代末，那時剛出現個人網頁，有幾家報紙開始有自己的網頁，並刊登新形式的漫畫。傳統的韓漫先是在報紙上刊出，隨後便成為大眾媒體的一部分。同樣地，初代的條漫也於一九九〇年代末至二〇〇〇年代初出現在報社的網頁上——這個年代同樣也是跨媒體故事講述的萌芽階段。換句話說，條漫的歷史始於報紙剛躍上網路的年代。當時，韓國的數位科技不斷發展，幾家主要的報紙（包括《朝鮮日報》、《中央日報》和《韓國日報》（*Hankook Ilbo*）」都在一九九五年時推出線上服務，《東亞日報》則於一九九六年跟進。這些新聞網站每天都會發布新聞和資訊，因此看到了在網頁上進行內容創作的好處。

這幾家大型報社通常會刊出平均由十格畫面所組成的漫畫（與四格的實體報紙漫畫遙相對應），並使用全彩格式（不像之前的黑白印刷漫畫）。雖然彩色漫畫的成本比黑白漫畫高出約三〇%，但它們廣受讀者喜愛，最後則影響了條漫的樣貌——幾乎所有的條漫都是彩色的（Jang, S. Y., 2018）。一九九七年四月，朴光洙（Park Kwang-su）在《朝鮮日報》上發表了《光洙想想》（*Kwang-su Thinking*），這是第一部數位漫畫，並於二〇〇六年十一月改編成了同名的劇作（*Yonhap News*, 2009）。[2] 這部線上漫畫被認為是最早的條漫作品之一，因為早年的網路用戶會在自己的主頁上分享這部漫畫，因而強調了其以數位科技作為媒介的特性。

除了一九九〇年代末的網路科技發展，一九九七年的金融危機——韓國歷史上最嚴重的經濟衰退——也成為條漫誕生之時另一個重要的歷史背景。當時，許多韓國人經歷了嚴重的挫敗、失業率居高不下、失業現象極其普遍。當報社開始使用網頁，並試圖為新網站注入新內容時，金融危機提供了一個新的機會，報社嘗試開發出一種新的漫畫形式來描繪人們的日常故事和奮鬥歷程，並刊登在網頁上。隨著網咖房一間間開張（主要是在一九九七年經濟危機期間），網路韓漫（cyber manhwa，指在網上閱讀的漫畫）開始出現。人們通常是為了玩線上遊戲而造訪網咖房，但也有一些喜歡網路漫畫或印刷漫畫數位（掃描）版的讀者造訪網咖房（Kim, J. Y., 1998; Song, T. H., 1999）。在當時，網路上能讀到的漫畫都是已出版的印刷版漫畫經掃描後的數位版本，因此在螢幕上一次只能閱讀兩頁漫畫，翻到下兩頁需要一定的讀取時間，這讓人們難以透過家裡的電話撥接上網來閱讀漫畫。讀者因此有理由造訪擁有高速網路的網咖房（Song, T. H., 1999）。許多韓漫創作者立刻開始創作網路漫畫，內容描繪韓國人在社會經濟方面的苦難，讓此時期的民眾可以藉由閱讀漫畫來紓解問題。在網路漫畫問世的初期，「漫畫的主要內容是日常生活中的社會問題，如貧困、網路霸凌、自殺、青年失業和家庭暴力等。業餘創作者以畫筆描繪出日常生活中的插曲，引起讀者的共鳴。這些作品成為一種新的漫畫類型，被稱為日常漫畫（il-sang-toon），意為講述日常生活故事的漫畫。網路漫畫的傳播有助改變人們對於實體漫畫的負面偏見，並促進韓國漫畫產業的發展」（Jang, W. H., and Song, 2017, 175）。

初代條漫的第二種形式是與播送系統一起出現的。AniBS播送系統（AniBS Broadcasting System）——一家網路漫畫播送公司——於一九九九年四月成立，並開發出他們自稱為網路漫畫（Webtoon）的產品，指的是在網上閱覽的漫畫（Chung, H.M.,

1999）。當然，這種早期的網路漫畫使用了由Flash軟體所製作的動圖漫畫或網路動畫（Yoon, K.H., 2014; Park, S. H., 2018）。韓國最古老的線上新聞網ETnews於二〇〇〇年二月一日發表了一篇文章，其中提到網路漫畫服務是由先前曾發行過的紙本漫畫，經Flash軟體改編而成的數位動圖（Bae, I.H., 2000）。如今加上了顏色、動圖或動畫，以及配音，網路漫畫播送公司引進了一種新的多媒體漫畫服務類型，他們稱之為網漫——與今天的術語相同，但含義則略有不同。網路漫畫播送公司所發展出的這些早期特徵中，有幾點在智慧型手機時代再度出現——二〇一〇年初期，條漫創作者和條漫入口網站開始為條漫增加新元素（例如動圖）來吸引年輕讀者。此事無疑意味著我們必須將這些早期的網路漫畫視為條漫歷史發展的一部分。

初代條漫的第三種形式出現在一九九〇年代末，「條漫」一詞於當時首度被使用，韓國漫畫家開始在網路上發表作品（Marshall, 2016）。世宗大學的韓漫與條漫專家韓教授（Han, C. W., 2013）認為，條漫誕生於個人網頁的熱潮之中。對於條漫創作者來說很幸運的是，透過網頁發表漫畫的成本不像雜誌那樣高，獨立的漫畫家也可以按照自己的想法創作新作品（K-Studio, 2012）。事實上，從一九九〇年代末到二〇〇〇年代初，許多從漫畫家轉職為條漫創作者的人都建立了自己的網頁來刊登作品，而不是嘗試在雜誌上出道。這些漫畫的前身是個人主頁上的圖像日記，吸引了許多經常對其進行評論、修改和轉傳的讀者（Jin, D. Y, 2015a）。

舉例而言，沈星賢（Shim Sung-hyun）的《Papepopo回憶》（*Papepopo Memories*）、權允珠（Kwon Yoon-ju）的《雪貓》（*Snow Cat*）和鄭喆然（Jeong Chul-yeon）的《海膽君》（*Marine Blues*）都是當年引人注目的熱門作品（Age of Webtoons, n.d.; Bae, S. M., 2017）。這些作品都由作者在網路上發表，而不是透過雜誌或刊物來刊登（Yun, J. H., 2019）。新一代漫畫家權允珠發表了《雪貓》，這是一部關於一隻白貓所寫的日記的可愛漫畫〔一九九八年二月，這部漫畫開始創作時，權允珠在自己的主頁上使用酷貓（Cool Cat）作為筆名，但她在二〇〇〇年八月時將筆名改為雪貓〕。與以往強調長篇故事的紙本漫畫不同，《雪貓》是單格漫畫，以作者日記的形式發表在她的個人網頁上。《雪貓》以非常簡短的網路漫畫形式描繪出日常瑣事，顯示出當代零食文化的早期特色。

最後但同樣重要的一種形式出現在二〇〇〇年八月，當時有種具嶄新特色的網路漫畫以漫畫而非動畫的形式出現，這是條漫的另一次突破。當時，古早的網路搜尋引擎千里眼推出了所謂的千里眼條漫（Chollian Webtoon），讓讀者可以閱讀網路漫畫。正如學者（Ok, 2011）所說的那樣，年輕人（十幾歲和二十世代的年輕人尤甚）是這個線上空間的主要使用者，他們在這個線上社群裡的活動成為青少年數位文化的中心，這意味著網路漫畫從一開始就與青少年文化密切相關。千里眼在其服務平台上使用了「條漫」一詞，他們所刊出的第一部網路漫畫是洪允杓（Hong Yun-pyo）的《天下無敵洪代理》（*Invincible Hong Assistant Manager*）（Lee, K. W., 2000）。二〇〇〇年，千里眼旗下的一個韓國入口網站為線上漫畫創建了一個新站點。在這個網站上出現的那些被視為網漫的漫畫都遵循傳統漫畫的格式，而非動畫格式（Cho, H. K., 2016）。

總而言之，「條漫」無論是作為一個術語或一門實踐，都早在一九九〇年代末就已隨著網路的快速演化而有所發展，並成為許多線上網站和線上雜誌（webzines）的班底——這兩種媒體在數位漫畫的早期年代十分重要。雖然千里眼條漫是二〇〇〇年第一個使用條漫一詞的平台，但一些報紙、線上雜誌和線上播送公司不僅發展出更早期形式的網路漫畫，而且是在千里眼之前就使用了這一術語。一九九〇年代末在韓國歷史上是非常重要的時期，一九九七年金融危機和網路時代的起點都位在這個時期，因此，這兩者都是條漫誕生的歷史背景。當然，找出首位使用某術語的人或媒體總是很重要的。然而，認知到是這樣的社會文化和科技背景共同創造出當前的條漫世界也同樣重要。

於此同時，包括《海膽君》在內的早期網路漫畫已經開始在韓國大眾之間累積名氣，這也影響了條漫成為跨媒體故事講述的源頭。《海膽君》描述的是海膽君（Sea Urchin Boy）的日常生活，由一些不相關的短篇故事所組成，刻畫出海膽君生命中不同的時刻。這部誕生於二〇〇一年的網路漫畫很受歡迎，成為二〇〇〇年代最成功的網路漫畫作品之一。海膽君的故事擁有不少跨媒體的版本，包括二〇〇六年推出的線上遊戲和二〇一二年問世的Android應用程式遊戲（Lee, D. W., 2012）。儘管有一些限制，這些作為零食文化的早期網路漫畫也成了多樣化文化商品的新元素（Kim, Y. S., 2016）。這些早期的條漫形式可以被歸類為數位媒體故事講述，因為其創作者是為了創作多媒體的故事而產出這些作品，也運用圖畫在網頁上講述個人故事（Hancox, 2017）。以數位故事講述為特色的早期網路漫畫開創出一種跨媒體故事講述的形式，而韓國的條漫也持續為許多文化內容提供新的素材。

第二代條漫：條漫平台崛起

第二代條漫出現在二〇〇三至二〇〇八年間，此時條漫創作者開始在入口網站上發表條漫作品。第一代條漫主要發表在報紙和個人網頁上。到了第二代，在大型入口網站的加持下，網路漫畫的數量迅速增加，成為韓國最大的文化產業之一。這些漫畫也發展出新的特色，它們大多以直式長條的形式出現，而且多半是彩色的。新一代網路漫畫與以前的漫畫不同，以前的漫畫用黑色油墨印刷，因為上色需要成本和時間，而網路漫畫在網上發布，上色無需額外成本（Jin, D. Y, 2015a）。其實在二〇〇〇年代，由於數位科技的發展，韓國漫畫產業周邊的社會文化環境發生了巨大變化。條漫領域在這一時期大大擴展，不再被視為小規模的偏門領域。

最重要的是，韓國各大入口網站接連成立自己的條漫平台，這成了條漫發展的重大轉戾點。二〇〇三年，Daum成立了自己的條漫網站「漫畫世界」（World in Manhwa）並招募漫畫家在上面發表作品。Naver也跟隨Daum的腳步在二〇〇四年六月成立了自己的條漫新創部門。該平台的官方紀錄寫著：「Naver Webtoon致力於開發一個創作者能與讀者真正相遇的平台，翻新講述故事的方式，讓其能隨著世界變化。」（Naver Webtoon, 2018）。同時，Daum也在二〇〇八年推出行動條漫服務，比韓國智慧型手機時代的元年還早了一年（Daum Webtoon, 2020）。有趣的是，在許多條漫創作者在入口網站上發布作品的同時，有些創作者開始能夠拿到稿費，雖然費用相對較低（Park, S.K., 2013; Seo, C. H., 2017）。在這段時間，有相當多著名的條漫作品問世，姜草的《純情漫畫》（*Sunjeong Manhwa*）平均每天吸引到高達二百萬的讀者（Lee, M., 2008）。姜草發展出一種新的畫面模式，使用電腦螢幕呈現，沒有畫格或頁面分隔，漫畫內容則是古怪、幽默或溫馨的浪漫喜劇（Lynn, 2016），也就是上文提過的純愛類或愛情類作品。這種風格相當重要，因為它出現在條漫入口網站上時便具有直式版面、長篇敘事和跨媒體性，這是現代條漫的幾個主要特徵。事實上，當這部漫畫在二〇〇三年十月以直式版面在Daum上發表時，人們認為這是漫畫產業中出現的第一部現代條漫（Korea Creative Content Agency, 2016）。

姜草結合長篇敘事漫畫與垂直捲動的頁面，這和之前的網路漫畫不同，此前的數位漫畫作品只有短短幾話。包括《光洙想想》、《雪貓》和《海膽君》等早期的日常類作品僅用短短幾幅畫面來描繪日常生活中的短篇故事（Lee, S. J., 2016），而姜草則開拓出新的可能性，長期連載專題故事（Seo, E. Y., 2018）並在入口網站上發表作品（Korea Creative Content Agency, 2015）。

在歷史上的這個時刻，條漫的定義是為了在網路上發表而創作的漫畫，其特性圍繞著網路開展，如直式版面、彩色畫面、快速發表和快速消費（Han, C. W, 2013; Seo, C. H., 2017; Park, S. H., 2018）。這個早期階段的條漫作品已經具備了當代條漫的許多重要特徵。條漫最重大的特色是直式版面，這點很重要，因為在直式條漫出現之前，一九九九至二〇〇〇年間在Ｎ４和今日漫畫（Comics Today）等入口網站上發表作品的漫畫家都根據橫向的電腦螢幕來設計橫式版面的漫畫。自直式版面問世以來，已有許多網路漫畫家採用這種版面，使其成為主流的網路漫畫格式（Cho, H. K., 2016）。[3]

直式的條漫（適合智慧型手機的直式螢幕）能呈現各種視覺效果，這讓它們與橫式為主的印刷漫畫有所分別（Cho, H. K., 2016）。在文化消費上，條漫強調直式版面，有許多人喜歡這點。條漫最初在個人電腦上出現、也藉由個人電腦消費。但如果要在行動裝置上閱讀條漫，用戶必須連上網路才能造訪條漫平台，如此一來，個人電腦的閱覽格式不再是最佳選擇。因此，條漫發行商開始開發應用程式，讓人能在行動裝置上消費條漫，讓讀者在閱讀條漫時能不受地點限制（Korea Creative Content Agency, 2013）。在這個演變的過程中，條漫創作者不得不加強直式版面的特色，改良作品來適應智慧型手機和條漫應用程式。

條漫和傳統漫畫最大的區別在於分格。智慧型手機螢幕尺寸有限，不好瀏覽彼此重疊的畫格。在條漫的世界裡，畫格呈直式排列，彼此之間有更多的空隙，以適應較小的螢幕。日本漫畫分格的形狀和人物對話的位置是根據頁面大小進行排列。而韓國條漫則充分利用垂直捲動的長頁面，並在各分格間安排更多的空白，也使用大面積的空白來代表場景轉換。與傳統漫畫不同的是，條漫畫面周圍的區域不限於白色，常可見到黑色或其他的主題色（Art Rocket, n.d.）。條漫作品由垂直排列的畫面構成，讀者閱讀時會從頂端向下捲動頁面。Medium網站也清楚指出條漫與傳統漫畫的這個重要區別：「如果您已經熟悉日本漫畫，那麼您可能得調適一下才能好好享受來自韓國的條漫。首先，沒有黑白畫面——幾乎所有的條漫都是全彩漫畫。也不用翻頁或從右到左閱讀，條漫的畫面呈直式排列，所以您需要向下捲動來閱讀。條漫也考慮到數位原生代的需求，改良內容來適應智慧型手機，讓您在旅途中也能閱讀您喜愛的作品」（V, 2020）。條漫的垂直閱讀模式讓漫畫家能在螢幕上一次展示一幅大圖，從而減少了畫面布局方面的限制——這對故事講述非常重要（Harvey, 1996; cited in Kim, J. H., and Yu, 2019）。

姜草的《傻瓜》（*Ba:Bo*，自二〇〇四年十一月連載至二〇〇五年四月）是最早的條漫作品之一，這個作品清楚展示了直式版面出現的過程。《傻瓜》第一話中的第一幕標題為〈街區〉（Neighborhood），該幕的長度幾乎比其他畫面長了十倍（Kakao Webtoon, n.d.）。這個段落刻畫女主角芝浩出國唸書十年後回到韓國的情景。畫面以《小星星》的歌詞開頭，背景是美麗的夜空。芝浩在該幕的尾聲這樣說：「我總是想回到那個我能與柔軟雲朵和其後的藍色晴空一起生活的地方。」

這個透過極長的直式畫面來呈現的悠長段落，表達出印刷漫畫無法傳達的時間感和空間感，如果傳統漫畫想達成相同效果，會需要更多的版面。條漫的特殊之處不僅在於語言和創作平台，也在於其透過垂直捲動、多媒體視覺和聲音特效（如Flash動畫、聲音和觸碰反應按鈕）等網路格式來改變呈現方式，至少在許多情況下都是如此（Lynn, 2016, I）。最近幾年，也有條漫創作者在社群媒體上發表一些無法使用直式布局的新漫畫。不過因為大多數條漫還是在條漫平台上發表並以智慧型手機閱讀，所以直式版面仍然是條漫最重要的文化特徵之一。[4]

條漫針對直式呈現所做的改良無疑反映著人們的習慣，智慧型手機的使用者幾乎總是直立使用手機，而且在閱覽文化內容時通常不會把手機旋轉九十度。在智慧型手機問世前，幾乎所有的影片都是橫向影片，適用於更大的螢幕，因為當時的人們習慣如此閱覽文化內容。隨著智慧型手機的出現，文化內容創作者、社群媒體設計師、出版商、行銷人員和廣告商都積極改變內容格式，以便更符合使用者的消費習慣（Slade-Silovicm, n. d.）。智慧型手機決定了人們的文化消費習慣，而條漫的聰明之處在於其所產出的數位內容符合智慧型手機許多主要的文化特徵。

韓國條漫產業開始擴大成為跨媒體故事講述的素材來源，而跨媒體故事講述的主要特色之一是可傳播性（spreadability），即敘事本身能跨越平台傳播敘事（Jenkins, Ford, and Green, 2013）。正如史塔夫羅拉（Stavroula, 2014, 34）所指出的，「從電影的角度來看，跨媒體性尤其重要，因為電影本身就是跨媒體作品的關鍵成分」，因此許多電影製片都特別關注條漫。條漫與小說不同，其由視覺畫面組成、輔以文字，因此是電影創作者極佳的潛在素材來源。例如在二〇〇三年，甜美、懷舊的條漫作品《純情漫畫》一問世便在流行文化界爆紅，在網路上擁有極高的點閱率。二〇〇八年，這部條漫被改編成一部名為《純情漫畫》（*Hello, Schoolgirl*）的電影。不過，電影導演柳長河（Ryu Jang-ha）保留了這部條漫中關鍵的故事主線——跨越年齡差異、日漸滋長的愛情——所以電影得以完整保留原著中的主題（Soh, J., 2008）。姜草的另一部條漫作品《傻瓜》（二〇〇四年首次亮相）也於二〇〇八年被改編成電影。同樣於二〇〇四年問世的《多細胞少女》（*Dasepo Naughty Girls*）則被改編成電視劇，於二〇〇六至二〇〇七年間在韓國有線電視頻道Super Action中播出，但表現平平。

在這個時期，能被改編的韓國條漫仍僅限於少數知名作品，而改編後的電影也並未在商業上獲得巨大成功。這有部分是源自於跨媒體故事講述的困難。條漫作品有時過於簡單，有時又過於複雜，需要電影導演和電視製作人擴展或縮減原本的故事。在過程中，有些改編自條漫的電影和電視劇失去了原創性，進一步導致條漫原著和改編後的電影或電視劇作品這兩群支持者之間出現爭端。此時期並沒有哪一部以條漫為基礎的電影大獲成功（Ha, 2016）。不過，這個時期的條漫創作者和大螢幕創作者間確實出現了許多合作機會。正如我會在下一段中所討論的那樣，創作者在這些早期條漫改編的跨媒體故事講述中累積經驗，才讓二〇一〇年代裡由條漫改編的電影和韓劇得以大獲全勝。

二〇〇〇年代中期以來，條漫在跨媒體文化生產中成了舉足輕重的角色，並在多個平台上流通、二創。條漫也成了跨媒體合作的原始素材，在合作過程中，媒體特徵彼此匯流，產生創新的美學效果和新的文化類型（Cho, H. K., 2016）。二〇〇三至二〇一六年六月間，Daum推出了五百多部條漫作品，其中二百八十部被改編為其他形式的文化內容——包括電影、角色和漫畫書（Daum Webtoon, 2020）。在此時期，條漫不僅是新青少年文化的一部分，也成為跨媒體故事講述的新素材而廣為流行。

第三代條漫：本地條漫在智慧型手機時代的蓬勃發展

第三代條漫出現於二〇〇九年智慧型手機問世之際，並持續發展至二〇一〇年代末。這個時期的特點是條漫和智慧型手機之間的密集匯流，進一步導致條漫和以條漫為素材的跨媒體故事講述更受歡迎。包括三星Galaxy在內的韓國本地品牌智慧型手機於二〇〇九年首次出現在韓國市場；蘋果的iPhone也在同一年首度進口韓國。毫無疑問，智慧型手機使用率的增長和世界一流的高速網路，推動了韓國各種流行文化形式的迅速發展，其中也包括條漫。

韓國政府的適時支持也讓第三代的條漫得以發展，雖然這並不是主要因素。在二〇一四年五月，政府開始大力關注條漫，視其為成長最快的文化產業之一；二〇一四至二〇一八年間，政府公布了新的公共資助和投資計畫，目標是支持並推廣條漫創作（Ministry of Culture, Sports, and Tourism, 2014b）。例如，在條漫作品《未生》正式出版的前兩週，讀者只要付費就能使用由韓國文化產業振興院補助的應用程式，在智慧型手機上搶先閱讀該作；而其他人也能在兩週後於Daum上免費閱讀這部作品（Daum Webtoon,

2012）。

為了滿足忙碌的數位使用者的需求，媒體內容供應商在二〇一〇年代推出了更多的條漫作品、網路小說、網路影劇和其他短篇的娛樂內容，可以讓人在智慧型手機裝置上於十分鐘以內享受完畢。數位使用者想要在路途中快速享受文化內容，而非花更多時間進行文化消費活動，結果則是出現了零食文化（Baek, B.Y., 2014c）。這個十年也標誌著以條漫作品為原始素材的跨媒體故事講述盛行的時代。與以往的條漫相比，這個時期問世的許多條漫作品篇幅較長，足以成為電影導演和電視製作人能直接取用的素材。因此，智慧型手機時代出現的條漫也成為大螢幕創作者的重要素材。尹胎鎬是《苔蘚》（*Moss*，二〇〇八至二〇〇九）、《萬惡新世界》（*Inside Men*，二〇一〇）和《未生》（二〇一二至二〇一三）等多部知名條漫的作者，他是當時最有影響力的條漫創作者，許多作品改編的電影和電視劇都非常成功。例如《未生》描寫的是一間虛構貿易公司裡的辦公室生活，主角是個心情黯淡的職場新鮮人，該作於二〇一四年在有線電視台tvN上以電視劇的形式播出。取得初步成功後，該劇被改編為電影和其他電視劇，都很受歡迎。

條漫平台和條漫創作者也發展出各種作品格式來吸引讀者。條漫針對智慧型手機進行改良，從垂直顯示圖片和文字的原型條漫，到包含聲音、背景音樂和振動等特效的版本（Lee, S. Y., 2016; Cho, H. K., 2021）。舉例而言，Line Webtoon平台在二〇一五年為了增加新作品的深度，在幾部條漫中使用HTML5功能來增加音效和動圖（Acuna, 2016）。有些條漫作品還會在讀者捲動瀏覽新話數時播放動畫或音樂。正如易西斯（Yecies, 2018, 125）所指出的，「色彩、振動、音樂、音效和動畫效果擴展了條漫的世界」，還有擴增實境（augmented reality，AR）圖像。智慧型條漫（smart toon）是專為智慧型裝置的螢幕所設計的一個分支：讀者使用觸碰式螢幕的功能來閱覽，並以新穎的方式來安排每個畫面。這些發展都促使條漫在文化市場上迅速崛起。

此外，第三代條漫的主要特色之一是多元的類別和主題，這已成為大銀幕創作者愈來愈關注條漫的關鍵因素。如前所述，條漫的最新熱門類別中有一類是BL，BL自二〇一〇年代中期以來開始發展成一個條漫類別。MrBlue和BomToon等條漫平台專營BL條漫，推出了許多受歡迎的BL條漫作品。成立於二〇〇三年的MrBlue是一個線上漫畫和條漫服務平台，以青少年為主要讀者群。截至二〇二〇年四月，MrBlue推出了七百二十五部條漫，其中六百〇八部連載至完結篇。在這些條漫作品中，BL是最大的類別（三百一十五部，占四三．四％），其餘則是愛情（一百三十八部，占一九％）、成人（一百二十一部，占一六．七％）、劇情（七十一部，占九．八％）和動作類（二十九部，占四％）（MrBlue, 2020）。BomToon是以少女和年輕成年女性為主要目標讀者的平台，其所推出的條漫作品中約有六〇％是BL作品。被認為是「日本同性情愛漫畫類別」的ＢＬ（Kwon, J. M, 2019, 3），在韓國條漫領域中的分量持續增長。截至二〇一九年三月，Lezhin Comics排名前十的條漫作品中有七部是ＢＬ類作品，其中包括《像你這樣的男人》（*A Man Like You*，二〇一六年開始連載，二〇一九年三月排名第二）和《大明星小粉絲》（*Star X Fanboy*）。

如前所述，韓國的ＢＬ條漫源於日本ＢＬ動漫，以年輕男性之間的感情為主題。在日本，ＢＬ作品泛指在一九七〇年代被稱為「Yaoi」的類型作品。在韓國，ＢＬ這個類別似乎與近年來襲捲全球的兩大社會運動密切相關：性別平等和ＬＧＢＴＱ（女同志、男同志、雙性戀、跨性別者和酷兒）平權運動（Kawano, 2019）。在韓國，女性主義、性別和ＬＧＢＴＱ議題已成為近日重大的社會文化議題。二〇一〇年代中期女性主義復興之後，各種媒體中大量浮現女性敘事，條漫作品也不例外。包括條漫在內的各式ＢＬ作品的主要消費者是十幾二十歲的女性讀者（Kim, H. W., 2019）。除了上述提及的社會文化議題外，有許多十幾二十歲的女性很喜歡ＢＬ條漫，因為其內容滿足了她們對浪漫愛情的想像，這與純情類漫畫所提供的浪漫愛情想像類似（Kim, H. W., 2019）。

韓國是一個相當保守的國家，韓國人本來並不習慣閱讀這種文化內容。然而，隨著社會環境的轉變，ＢＬ已成為條漫的主要類別之一。特別是自從二〇〇六年柳賀珍（Yoo Hajin）的《絕對俘虜》（*Totally Captivated*）獲得巨大成功之後，許多條漫創作者都開始使用更新穎的ＢＬ公式，成功吸引讀者的目光。柳賀珍的作品所受到的歡迎讓eComix平台開始推出更多ＢＬ內容。二〇一〇年代，ＢＬ文化在條漫產業中的地位變得更加穩固（Kwon, J.M, 2022）。純情類漫畫可以滿足女性讀者的浪漫幻想，但這點ＢＬ也做得到。因此，喜愛ＢＬ作品的讀者數量繼續成長（Kim, H.W., 2019）。

第三代條漫的主題和類型都持續擴展，而且與第一代和第二代條漫不同的是，第三代條漫有許多作品的長度足以讓漫畫迷花上數小時閱讀。基於主題、長度、類別和風格上的多樣性，條漫如今已在青少年文化中鞏固了其地位，許多大螢幕創作者都密切關注條漫這個新的素材來源。

第四代條漫：走向世界的條漫

第四代（也是最新一代）的條漫出現在二〇一〇年代中後期，此時條漫成了韓流的一員，因此也成為跨國青少年文化的一部分。第四代條漫與第三代條漫之間有所重疊，條漫也在韓國之外愈來愈受歡迎——不僅作為獨立的文化形式，在韓國外的一些國家也成了跨媒體故事講述的原始素材。此時期的條漫擁有一些主要的特徵，包括與社群媒體匯流、題材持續多元化，以及出現跨國性。條漫作為大眾文化產品之所以能夠持續發展，與上述三大特徵密切相關。

條漫類別和主題的多元化有部分要歸功於條漫與社群媒體的匯流。那些無法透過傳統方式發表作品的條漫創作者，如今可以在Facebook和Instagram上發表作品。他們再次讓「條漫」這個概念產生變化，利用社群媒體來聚集讀者。例如上面提到的《大明星小粉絲》最初是在Twitter上發表的，而在該作走紅後，Lezhin Comics正式邀請創作者金琛智（Kim Cheomji）成為該平台的漫畫家。與此同時，在社群媒體上以「min4rin」為名的修申智，則在二〇一七年五月至二〇一八年一月間在Facebook和Instagram上連載她的條漫《身為媳婦，我想說——》（*Myeoneuragi*）（Instagram, 2020）。

《身為媳婦，我想說——》在社群媒體上非常受歡迎：它在Facebook上擁有二十二萬名粉絲，在Instagram上也擁有固定讀者，內容則描寫了重要的社會文化議題，包括當時登上韓國頭條新聞的LGBTQ和性別平權議題。由於該部條漫大受歡迎，Kakao旗下的智慧型電視平台KakaoTV製作了一部改編劇作（名為《媳婦過渡期》），這部共十二集的劇作於二〇二〇年十一月推出。

《身為媳婦，我想說——》刻畫出一位女性和婆婆之間的衝突而深受讀者喜愛，也吸引了許多努力平衡工作和家庭生活的韓國職業婦女。該作主角是一位名叫閔司琳的職業婦女，她與丈夫和他的家人住在一起。閔司琳試圖與她的婆婆和平共處，但她感到很不舒服，因為婆婆認為女人應該要做更多家事（Baek, B. Y., 2017）。這部條漫通過閔司琳的視角探討了家庭生活中常見的問題。舉例而言，在探討傳統節日的一話中，閔司琳在廚房準備飯菜，家中的男人則在看棒球比賽。《身為媳婦，我想說——》透過女性視角對父權常態做出輕鬆隨意的點評，但並未提出明確的解釋，而是把解釋和判斷的空間留給讀者。這部條漫的意圖明確，而且很受歡迎——讀者都希望閔司琳能從處處受限的生活中解脫（Lim, H.B., 2019）。改編的電視劇運用這些特色並加以改編，透過女性敘事者的視角描繪出家庭生活，這樣的敘事者在日常類條漫作品中是前所未見的（Koo, 2019）。

社群媒體上的許多條漫作品也進一步改變了條漫產業的趨勢。之前的條漫使用直式版面，但社群網路上的條漫無法以直式版面發表。例如，在《身為媳婦，我想說——》中，漫畫家僅張貼了幾張圖片，基於社群媒體的限制而無法使用直式版面。《身為媳婦，我想說——》一作反映出條漫作品針對社群媒體進行改良、回歸到早期網路漫畫時代的版面格式。

隨著條漫的類別和主題變得多樣化，條漫作為作品本身、作為跨國數位故事講述的素材，都在世界許多地方大受歡迎。韓漫產業和數位平台在韓國取得巨大成功後，也進一步攻入西方和韓國之外的亞洲市場。目前，條漫被認為是能夠吸引海外漫畫讀者和粉絲群的新一代文化內容。韓國條漫在全球文化市場的崛起引人注目，與之形成鮮明對比的是日本動漫的表現在同一時期呈現下滑趨勢（Daliot-Bul and Otmazgin, 2017; Korea Creative Content Agency, 2020c）。正如我在第五章中會討論到的，與電影、流行音樂和電視劇等其他文化領域相比，韓流中的條漫產業在二〇一〇年代中期之前的知名度一直都不高。然而，歸功於韓國政府、條漫平台和條漫創作者投入大量有系統性的努力，也因為其他國家的條漫迷人數漸增，條漫在韓國之外的地區已成為重要的跨國文化內容。條漫平台尤其重視國際市場。

Naver Webtoon拓展了新娛樂內容的範圍，為世界各地的業餘創作者提供新的機會。二〇一九年十一月，西班牙文版的Line Webtoon上線；二〇一九年十二月更推出了法文版的Line Webtoon。Naver Webtoon不斷推出「適合當地市場的內容，並計畫以持續的行銷來增加讀者數」（Park, I. J., 2020）。雖然國外市場的條漫仍存在盜版和成人內容持續增加等問題，但條漫已成為韓國和他國青少年文化的重要形式。在相對短的時間內，條漫領域的地位已提升為一種新的文化標誌和商業模式。

結論

本章介紹了條漫的演進史。從歷史觀點檢視條漫非常重要，主要是因為這能讓質疑

「本地流行文化是在模仿美國流行文化、顛覆性挪用美國文化」的聲音不再成立（Cho, Y. H., 2017, 21）。了解本地流行文化的歷史不僅有助於我們「累積奠基於經驗的文化知識，更能替這些經驗所致的辯論和討論創造出替代框架」（Cho, Y. H., 2017, 21）。雖然韓國漫畫有著悠久的歷史，但條漫的歷史只有大約二十年而已。與電視節目、電影和音樂等其他文化領域不同，條漫被認為是一種零食文化，許多人（特別是十幾和二十幾歲的人）都享受著這種沒有時間和空間限制的新文化形式。數位原生代的人們經常使用智慧型手機、各種行動裝置，以及總是唾手可得的社群媒體，他們也隨時隨地都能閱讀條漫。條漫的歷史雖然短，卻已成為韓國青少年文化和對外貿易的主要文化商品之一。

值得留意的是，條漫是與電腦、網際網路和智慧型手機等數位技術同步發展，而條漫創作者所發展出的風格類別則描繪著韓國社會中的變革——包括一九九七年金融危機後人們的掙扎，以及ＬＧＢＴＱ和性別平權等社會文化議題。儘管早期的條漫首先是出現在報紙網站和個人網站上，但它很快就發展成為透過數位技術（從千里眼到入口網站）發布和傳播的漫畫。條漫結合了大眾文化與數位技術，成為一種新的數位文化形式。一般的漫畫和小說先以印刷紙本形式出現，然後再被轉換成數位形式，而條漫反倒是先以數位形式出現，有時再以印刷書籍的形式出版。

條漫在韓國國內的類型和主題已出現了變化，以前有很多的純情類作品，如今ＢＬ

作品的數量日漸增加。起初，條漫主要以簡單、輕鬆的個人經歷和日常生活故事為主。後來，隨著Daum和Naver等入口網站開始推出各種條漫作品，條漫故事的敘事性和戲劇性愈來愈強，節奏也更加複雜（Park, J. Y., 2019）。韓國的ＢＬ市場仍處於融入一般媒體市場的早期階段。年輕讀者會透過在韓國被廣泛運用的行動裝置來消費線上ＢＬ作品，ＢＬ作品因此正迅速商業化中（Kwon, J. M, 2022）。與日本漫畫家一樣，韓國條漫的創作者也試圖開發出新的類別以吸引不同的讀者群。韓國條漫的題材和主題五花八門，尤其包括了在其他文化形式中看不到的非傳統主題。雖然條漫仍受其特定的小眾市場驅動，但這個嘗試開發新類型和主題的領域終將影響其他文化形式，包括文學和影視文化內容。隨著條漫領域愈來愈重視新主題和新類別，韓國條漫已逐漸成為打入全球文化市場的主要在地文化商品之一。

2 韓國條漫平台化

隨著條漫成了數位文化中最重要的象徵之一，數位平台在文化產業中所扮演的角色也愈來愈關鍵。二〇〇〇年代末以來，許多條漫創作者開始使用數位平台發布作品。漫畫消費者會購買並閱讀書本形式的紙本漫畫這種特定的文化內容，但若要閱讀條漫，他們就必須使用智慧型手機並在條漫平台上閱讀。條漫平台和智慧型手機在條漫的演化過程中發揮著關鍵的作用，深刻影響了人們在創作和消費方面的文化活動。

二〇〇〇年代初期，許多主要的數位平台，如Daum（現併入Kakao）和Naver著手開發條漫平台。從那時起，平台就在條漫領域中持續發揮重要作用。雖然也出現許多新的漫畫平台，但大多數的漫畫家主要仍使用Naver和KakaoPage（包括Daum）來發表他們的作品。因此，許多讀者也開始造訪這些平台，在上面閱讀漫畫。這些公司形成了一系列巨型條漫平台，擴張並鞏固自身在條漫產業中的主導地位。這些公司還制定了各種經營策略，包括條漫製作、基礎結構轉型、成立內部公司，以及使用以ＩＰ為基礎的跨媒體策略。＊這些條漫平台推動了平台化的進程，並管理著條漫產業從生產、傳播到消費的所有階段。

本章使用文化生產平台化（platformization of cultural production）的框架進行分析，探討韓國文化產業中條漫平台和文化生產的政治經濟學。首先，我會描繪出數位平台在條漫生產中的主導角色，據此來批判分析關於新形態文化內容的新型商業模式。第二，我會分析條漫平台的垂直整合，來探討條漫平台基礎結構如何轉型。第三，我會探討在ＩＰ持續發展的同時，數位平台在條漫生產過程中的作用如何日益重要，並著重討論ＩＰ在條漫資本化中的獨特作用。藉此，我們能探討平台化的影響，例如條漫平台與條漫創作者之間的權力關係，以及條漫文化的資本化。

＊譯註：ＩＰ（Intellectual Property）原意為智慧財產權，今在文化產業中常指可供改編為電影的原創智慧財產，詳見本章下文。本作中配合時下臺灣文化產業的語言習慣，以原文稱之。

韓國條漫產業的平台化

三星和LG於二〇〇九年推出韓國生產的智慧型手機之前，許多韓國人便已經開始在行動電話（即功能型手機）上閱讀網漫。Daum和Naver起初是傳統漫畫家發表的園地，之後則成為條漫創作者發表的園地。正如我在第一章中簡略說明的，二〇〇三年韓國第二大入口網站Daum創立了條漫入口網站。Daum也在二〇〇八年開始提供行動條漫服務（Daum Webtoon, 2020）。二〇〇四年，Naver Webtoon以韓國最大入口網站Naver內部新創公司的身分開始營運。這些數位平台在文化生產中發揮著關鍵作用，文化生產指的是「涉及文化形式、文化實踐、文化價值和文化共通理解的生成與傳播的社會性過程」（Oxford Reference, 2019）。作為新的數位文化產品，條漫開始於二〇〇〇年代中期在韓國文化市場中扮演關鍵角色，同時透過多個平台進行傳播和二次創作。因此，條漫領域的文化生產可以被廣泛理解為不只是條漫內容的產出，同時包括整個過程，也就是媒體內容和流行文化的生產、傳播和消費。

作為大型數位平台，Naver和Daum在漫畫產業乃至韓國文化產業中的影響力正持續提升。荷西・迪克（José van Dijck）明確指出，整體而言，數位平台在全球文化市場中的影響力正大幅增加。他表示數位平台的作用是「居中調和而非僅為中介」，因為「它形塑了社會行為的表現，而不僅是疏通之」（van Dijck, 2013, 29）。數位平台不只是簡單地把文化產品從生產者傳遞給消費者：平台也策略性地控制、操縱和設計整個過程，以最大限度地提高影響力和收益。尼柏格和波爾（Nieborg & Poell, 2018, 4281）也認為，文化創作者（此指條漫創作者和後來的大螢幕製片）「被迫制定與平台的商業模式一致的發行策略」。平台是一種分散、動態的數位科技，由一組特定科技、社會文化和資本主義商業手法所定義（Jin, D. Y., 2015b），需要將之平台化，也就是從與數位平台相關的整體生態來全面分析。

文化產業中的平台化是文化企業所使用的一種策略，著重關注數位平台生態系的價值，旨在促進擴大整合、安排資源、提出服務、鼓勵相關各方聯合創作。具體來說，這是基於數位科技的基礎，讓文化創作者和消費者得以「共享資料和流程，擴展數位能力，並結合服務和商業模式」（Gimenes, 2018）。技術平台的目標是讓企業能夠「從商業生態系中創造價值」，而平台化則需要有能力提供資源，如數據、演算法和流程，以便連結新夥伴和其他的生態系（Gimenes, 2018）。企業在追求最大利潤的同時，也為平台生態系中的參與者或利益相關者創造價值。正如尼柏格和波爾（Nieborg & Poell, 2018, 4276）所主張的，平台化可以被定義為「數位平台在經濟層面、管理層面和基礎結構上，延伸穿透進入網路和應用程式生態系裡，從根本上影響文化產業的運作」。賀蒙德（Helmond, 2015）透過對於社群媒體的個案研究指出，平台化則是指平台崛起為社群網路的主要基礎結構暨經濟模式，以及其崛起帶來的後果。因此，平台化影響文化內容的生產和傳播、現代社會結構性變化帶來的媒體生態演進，以及企業和其他社會行動者（social actor）創建、控制和使用各種平台的商業模式之發展。

具體而言，平台化能轉化現有的文化產品或內容，並創造出文化生產的新形式（Steinberg, 2020）。透過分析Line在日本的發展，史坦柏將平台化描述為三個步驟的過程。第一步是為文化商品編排格式，以便在平台上進行交換，這是文化生產平台化的最主要目標。此處的重點在於從現有分散、線性的商品生產，轉向生產視情況而變化的文化商品，而後者的這種文化內容可直接用於平台。不像電影和電視節目等其他文化內容，文化內容和數位科技匯流而成的條漫，是一種可直接適用於平台的數位內容形式。第二步則是平台為這些新格式的文化商品，創造出新的文化市場和交換場所。條漫創作者和條漫讀者都使用Naver和Daum等數位平台作為生產和消費的市場。第三，平台鼓勵新的文化生產者和消費者參與市場。最常見的例子是個體戶的崛起。平台在條漫行業中成為愈來愈重要的力量，創造出更多的生產和消費主體——當我們論及文化生產的平台化時，必須仔細檢視這個過程（Steinberg, 2020, 2–3）。[1]

除了新興的商業模式、生產方式和消費習慣之外，條漫平台化也為Naver、Daum和Kakao帶來了流量，這些平台會透過每話條漫結束時出現的展示廣告或橫幅廣告來獲利。條漫是一種互動程度很高的線上內容形式，通過即時評論這個強大的交流管道來連接讀者和創作者（Yoon et al., 2015）。通常，創作者每週會上傳一到兩話新的條漫，而每話條漫下面都有一個讀者可以發表評論的欄位。讀者還可以用一到五顆星來評價每話條漫，就像電影的評分系統一樣。各話的評價和點閱數給了條漫創作者和入口網站即時的回饋。這些都能用來衡量該條漫改編為電視劇和電影的可能性（Sohn, J.Y., 2014）。條漫的挪用是當代資本主義的一個清楚例子。

二十一世紀初，數位平台無處不在，它們居中調和了整個文化生產過程，從規畫、製作到傳播。條漫是愈來愈重要的數位文化，而Naver、Daum和Kakao等數位平台控制著條漫產業。因此，我們必須了解數位平台的商業、政治和基礎結構的面向，才能了解數位平台和使用者之間的重要關係——此處的使用者指的是文化創作者和文化消費者。

條漫平台與條漫創作者之間的不平衡關係

數位平台公司開發出各種企業策略來讓條漫世界平台化。條漫平台站在良好的發展位置，能受益於條漫於全球各地日益增長的人氣，並擴大範疇囊括了整個文化生產過程。條漫發表的數量增加以及創作流程（如情節構思、繪圖、上色、撰寫和編輯）愈來愈細分，都突顯出生產管理和規畫的重要性。為了改善品質，畫家很可能會與創作團隊合作（而非獨自工作）（Park, J., 2020, 9）。雖然也有些例外，但條漫創作者的工作主要由巨型數位平台管理。

條漫平台和條漫創作者之間不對稱的權力關係是根本性的。許多韓國年輕人都希望創作條漫，但只有少少幾個數位平台主導著條漫產業。韓國教育部在二〇二〇年做了一項調查，統計小學生未來希望從事的職業，而條漫畫家名列第九（表2.1）。當然也有許多孩子想成為醫生、教育工作者和職業運動員，但這無疑顯示出就業市場的變化。孩子們最想從事的職業第四名是網路內容創作者（如Youtuber），其次是職業電競選手。我們發現，這些年輕學生對數位文化領域的一些職業非常感興趣（Ministry of Education, 2020）。在二〇〇九年另一份類似的調查中，條漫創作者和傳統漫畫家均未出現在排名中，這並不奇怪，因為條漫創作是一個相對較新的職業類別。相較於更實際、傾向選擇更可行職業的高中生，小學生似乎偏好於選擇符合當前趨勢和夢想的工作。結果顯示，條漫創作者確實是年輕孩子渴望追求的人氣職業之一。

隨著條漫人氣飆升，許多韓國年輕人決定要成為條漫創作者，條漫平台的流量因而

表 2.1 2009 年和 2020 年韓國小學生未來最想從事的職業前 15 名

排名	2009	2020
1	教師	體育選手
2	醫生	醫生
3	廚師	教師
4	科學家	創作者（如 Youtuber）
5	歌手	職業電競選手
6	警察	警察
7	棒球選手	廚師
8	時裝設計師	歌手
9	足球選手	條漫創作者
10	演員	烘焙師
11	牙醫	電腦平面設計師
12	律師	律師
13	幼稚園老師	髮型設計師
14	畫家	模特兒
15	職業電競選手	寵物美容師

資料來源：Ministry of Education, 2020。

大大增加。隨著條漫讀者人數的增長，這些平台的收入也有所增加。例如二〇〇五年，僅有一萬人每天在Naver Webtoon上閱讀條漫。但到了二〇一四年八月，平均每天有六百二十萬人造訪Naver Webtoon，二〇一八年底則多達八百萬人。二〇一九年，Naver Webtoon的收益為一千六百一十億韓元，較前一年增長一二四％（Naver Webtoon, 2019）。如表2.2所示，Naver Webtoon的收益預計將繼續迅速成長，從二〇一八年的七百二十億韓元增長至二〇二一年的三千三百九十億韓元。二〇一九年，條漫內容的收益為一千六百一十億韓元，占總收益的七九．五％。

KakaoPage也呈現類似的趨勢，其於二〇一九年的收益為二千五百七十億韓元，較前一年增長三七％（Kakao, 2019）。KakaoPage（含Daum Webtoon）提供數位內容，包括條漫和音樂。KakaoPage是Kakao的主要內容平台，提供條漫、小說和電影。如表2.3所示，KakaoPage的收益快速成長，且近期仍有可能繼續增長。由於以ＩＰ為基礎的跨媒體故事講述日益重要，跨媒體故事講述本身亦被認為會成為一種主要的商業化模型。

這兩個最大的平台都已開發出不同的機制來利用條漫創作者。條漫平台透過企業內部工作室或與個人作者和其他創作團隊簽約來取得條漫作品。近年來，條漫經紀作為條漫平台和條漫創作者之間的仲介，成了新的參與者。起初，Daum Webtoon主要與知名條漫創作者簽約合作。後來，Kakao試圖對主要內容合作夥伴進行股權投資，以確保獲得

表 2.2 2018 至 2021 年 Naver Webtoon 的預估年收益

（單位：10 億韓元）

	2018	2019	2020 會計年度	2021 會計年度
內容總收益（Naver Webtoon 上的系列作品）	60	128	203	292
韓國收益	60	92	120	142
美國收益	0	20	48	91
其他國家收益	0	16	35	59
其他來源收益	12	33	43	48
上述類別的總收益	72	161	246	340
Line Manga 收益	85	118	122	135

資料來源：Naver Webtoon, 2019; Park, J., 2020, 8。

備註：其他來源收益包含了廣告跟 IP 使用。2018 和 2019 年的收益為曆年年度的預估。2020 和 2021 年則為會計年度的預估。

表 2.3 2017 至 2021 年 KakaoPage 的預估年收益

（單位：10 億韓元）

	2017	2018	2019	2020 會計年度	2021 會計年度
總收益（包含 Daum Webtoon 和廣告）	118	188	257	299	346
國內平台收益	110	168	198	231	270
全球 IP 發行收益	8	20	28	34	38
廣告和其他來源收益	10	21	31	34	39

資料來源：Kakao, 2019; Park, J., 2020, 8。

備註：2017、2018 和 2019 年的收益為曆年年度的預估。2020 和 2021 年度則為會計年度的預估。

穩定供應的條漫作品。Daum的「漫畫世界」和Naver的「挑戰漫畫」（Dojeon Manhwa）等其他平台也招募了數千名畫家在平台上發表他們的條漫。Naver Webtoon則在美國推出了名為Canvas的類似服務。僅在二〇一九年，這項服務就讓全球條漫生態系增加了約五十八萬名業餘條漫創作者和一千六百名職業條漫創作者（Choi, J. W.,）。Naver經營的是以使用者生成的內容為核心的開放平台，因此很重視與個人作者、藝術家和其他創作者簽訂合約。

這些大型平台持續發展出多元化的策略來推出條漫作品，導致條漫市場快速增長。平台目前的營利結構引起了一些批評，人們認為在這種彼此競爭的模式中，只有少數頂端的條漫創作者受益，其他為數眾多的創作者則須為此付出他們的時間、勞動力和熱誠（Kim, J. H., and Yu, 2019, 5）。其他平台（主要是Lezhin Comics和MrBlue等規模較小的條漫平台）則「通過內部創作者（僱傭合約）、外部承攬（共享收益）或合作關係來取得條漫作品」（Park, J., 2020, 9）。

更具體來說，自二〇一〇年左右以來，新的招募系統出現了兩大趨勢。其中一個是條漫經紀的出現，這種經紀公司的作用是規畫與經營旗下的條漫創作者，以及處理智慧財產權的問題。在二〇一〇年之前，條漫創作者都是直接與平台合作，無論是否有簽訂合約。條漫平台的編輯團隊負責規畫和經營漫畫家，並且推出條漫。隨著條漫成為韓國最重要的文化形式之一，條漫經紀也搭上了這班車，成為條漫平台和創作者之間的中介。此後，條漫創作者常會與條漫經紀簽約，而非直接和條漫平台簽約合作。這些經紀公司的收入也從二〇一七年的十三億七千七百萬韓元增長至二〇一八年的二十億四千八百萬韓元（Korea Creative Content Agency, 2019b）。條漫平台會成立自己的條漫經紀公司，也會投資現有的經紀公司。例如，KakaoPage於二〇一〇年建立自己的經紀公司Yeondam，以開發條漫和網路小說。二〇二〇年一月，KakaoPage取得了另一家條漫代理機構ToYou's Dream二五%的股份。Naver Webtoon則投資了YLAB——該公司成立於二〇一〇年——並於二〇一九年取得五・六%的股份。

這些新趨勢讓條漫創作者在新的漫畫生態系中的地位比以前更加脆弱。在過去，條漫平台和創作者共享收入。然而，隨著條漫經紀的出現，條漫創作者的收入分潤愈來愈少：他們通常只能獲得總收入的一到二成。在新的模式中，平台獲得收入的三成到五成，而條漫經紀獲得剩餘收入中的三成到七成。條漫平台傾向使用自己的經紀公司推出的新作品，而不是其他經紀的作品。因此，新的條漫生態系對小型獨立經紀公司旗下的創作者帶來了負面衝擊（Park, J., 2020）。雖然產業內部發生變化，但是巨型條漫平台仍繼續控制整個產業。

條漫平台成功聚集了創作者，這批既有職業也有業餘的條漫創作者「共同構成了一個更大的勞力庫」（Kim, J. H. and Yu, 2019, 4）。條漫創作者繼續向巨型數位平台提供他們的作品，也希望收入和工作保障能夠增加。他們的收入持續改善，但這並不意味著他們擁有體面的收入或工作保障。根據韓國文化產業振興院對於條漫創作者現況的調查（Korea Creative Content Agency, 2019d），四百〇九名參與調查的條漫創作者的平均年收入為四千七百六十萬韓元，相當於三萬八千六百美元。而且他們的收入中位數要低得多：男性條漫創作者的收入中位數為三千萬韓元，女性則為二千四百三十萬韓元。如果不計入一一・一%收入超過一億韓元的男性創作者和七・九%收入超過一億韓元的女性創作者，整體的平均收入還會更低（表2.4）。換句話說，雖然少數知名條漫創作者收入不菲，但多數人都面臨著收入不足、社會地位低落、工作沒保障等困境。

這些數據清楚指出，雖然有些條漫創作者能獲得可觀的收入，但大部分人的收入仍較少。值得注意的是，上述調查對象僅針對四百〇九名相對知名的畫家，也就是說他們已經是收入較高的一群人了。所以，雖然大型數位平台的收益快速成長，許多條漫創作者仍無法獲得足夠生活的工資。事實上，二〇一七年的另一項調查指出，七百六十一名條漫創作者中有六八・七%的人每年賺不到三千萬韓元，他們的平均年收入為一百六十六萬元，遠低於上一份調查的數字（Korea Creative Content Agency, 2018）。二〇一九年時，韓國共有五千八百〇二位條漫創作者，這意味著整個條漫創作族群的平均收

表 2.4　2018 年條漫創作者的平均年收入及其收入水平的百分比

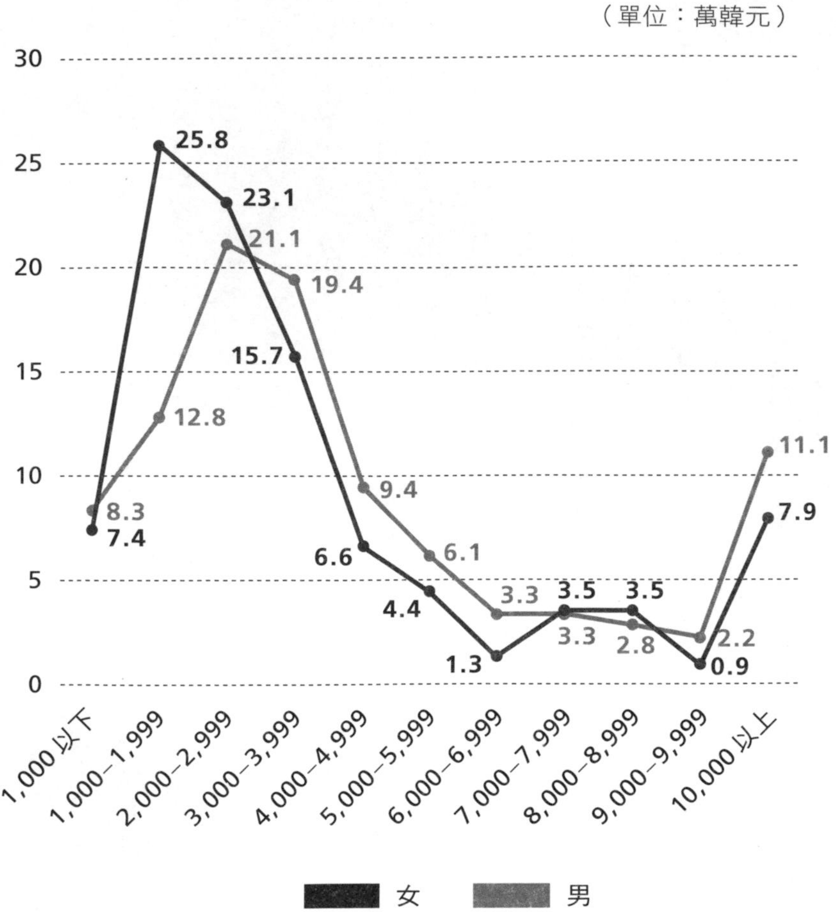

資料來源：Korea Creative Content Agency, 2019d。

入甚至比二〇一七年時還低。

自二〇一〇年代中期以來，條漫平台發展出多種機制，試圖提高條漫創作者的收入，以回應大眾對於條漫日漸增加的胃口，以及他們對於收益分配方式的批評──批評者當然包含條漫創作者。具體來說，二〇一三年Naver推出了包括免費增值模式（freemium，如下所述；另見第三章）、廣告和授權費用在內的PPS（Page Profit Share）模式，打算與條漫創作者共享這份收入（Bloter, 2013）。然而，支付方式的多樣化並沒有增加條漫創作者的收入。例如，使用PPS模式的數位平台讓條漫創作者與廣告商連結起來。廣告商直接付費給條漫創作者，以利用他們所創作的品牌條漫，或加入置入性行銷，而平台則從廣告商那裡拿到張貼費用。這意味著條漫創作者可取得的經濟資源已變得多樣化（Cho, H.K., 2021）。PPS模式中的視覺廣告也會使用條漫裡的美術和人物形象來宣傳產品，這些廣告出現在條漫情節的旁邊或結尾處。雖然條漫創作者從這些類型的廣告中獲得了一點收入，但剩下的收入仍歸平台（Lee, S.W., 2013）。從平台的角度來看，條漫是吸引使用者定期造訪網站的完美方式，而這對於吸引廣告商來說至關重要。

然而，此處的問題是這些新的商業模式是由條漫平台單方面制定，「並未向條漫創作者或代理條漫創作者的管理公司或經紀公司做出說明。除了少數相當知名的創作者之外，大多數創作者發現自己別無選擇，只能接受這些平台不斷變化的規定和營利系統，甚至連合約都不公平，他們還得調整自己的作品以配合這些營運模式」（Cho, H. K., 2021, 9–10）。正如上面提到的，條漫創作者在新模式中賺得的廣告收益比例仍然非常少。因此，除了一些知名的創作者之外，大多數人無法獲得相對體面的年收入。

正如克弗斯（Caves, 2000）所指出的，條漫創作者為了全心投入創作犧牲了很多，他們的收入一般都低於非創作領域的勞動者。投身全職創作的條漫創作者收入通常低於「從事乏味職業但擁有相同基本能力和人力資本（教育、訓練和經驗）的人」（Caves, 2000, 78）。這再度顯示出少數知名的條漫創作者與大多數創作者之間的收入差距相當巨大。關於這點，曾出現在眾多電視節目中而聞名的條漫創作者旗安84表示，條漫平台有很多，但會善待創作者的平台僅有少數（Lee, S. G., 2019）。雖然數位平台和智慧型手機讓漫畫有機會重生，但包括條漫創作者在內的大多數漫畫家都認為「以前的情況比較好」（Baek, B. Y., 2014a）。條漫創作者希望在大型平台上發表作品，但他們之中的大多數人並沒有得到平台的公平對待——儘管他們的工作環境略有改善。

商業模式多元化

Netflix、Spotify和YouTube這樣的數位平台仍是文化生產的主要推動力。這些平台已經開發出自己的商業模式，包括訂閱（Netflix）、廣告（YouTube）或兩者並行（Spotify）。與這些全球性的數位平台相比，韓國的數位平台則是與條漫產業一起發展出獨特的商業模式，大大影響了條漫和文化產業企業的文化生產過程。與上述幾個全球性平台不同，韓國的數位平台是靠條漫和網路小說結合各種商業模式賺錢，包括使用者付費、廣告、企業贊助，以及IP使用的授權費。其中，使用者付費是市場成長的初始驅動力和最大收益來源。

包括Naver和KakaoPage在內，一些平台的收入主要來自於付費內容。廣告和IP使用的收入仍然有限，但考慮到廣告發展日益成熟，以及韓國和全球各地IP的使用日益增長，這兩者在未來可能成為收入成長的重要驅動力（Park, J., 2020, II; Kim and Lee, 2022）。正如我在第三章會深入討論的，使用者付費與人們的閱讀習慣密切相關，尤其是追漫的習慣。

數位平台獲益的第一種方式是透過橫幅廣告。Daum和Naver最初是通過展示廣告和文字廣告來從內容中獲利。條漫作品愈多，Daum和Naver的流量就愈大，這兩者都「間接透過每話條漫底部所出現的廣告或展示，來從內容中獲利」（Lee, S.W., 2013）。數位平台與條漫創作者共享廣告收入，而橫幅廣告仍然是這些平台增加收入的主要商業模式之一，「條漫廣告變得愈來愈複雜，從簡單的橫幅廣告發展到與作品內容相關的廣告，包括置入性行銷、品牌條漫和以角色為基礎的廣告。顯然，與內容相關的廣告可以為內容創作者帶來收入。確實，若與內容相關的廣告畫格超過一定數量，平台商就會採取利潤共享模式」（Park, J., 2020, 12）。此外，條漫創作者也會靠著出版書籍和其他商品而獲得版稅，推出附屬作品（例如遊戲和小說）也會獲得版權費（Korea Creative Content Agency, 2019d）。

數位平台獲益的第二種方式是推出為企業量身打造的品牌漫畫。像是三星和現代這樣的大企業希望提升企業品牌知名度，宣傳新產品和服務，而條漫已經成為大型企業和公關公司使用的新方法。企業可以提供平台基本的故事和角色，並要求漫畫家創作出相關的條漫。

第三種方式，條漫平台近年來在韓國國內和全球都推出了以ＩＰ為基礎的跨媒體作品，我在本章的「條漫ＩＰ的平台化」一段中會談到這點。許多條漫被改編成大螢幕內容，如電視節目、電影和遊戲。數位平台在條漫構思階段就有策略地發展出跨媒體內容。除了開發出新的數位文化，條漫平台還大力推動了以ＩＰ為基礎的跨媒體作品，作為一種新的商業模式。

最後但同樣重要的是，數位平台已經開發出免費和付費混合的模式，成為其最大的收入來源之一。與全球數位平台相比，與條漫產業同時發展的韓國數位平台創造出獨特的使用者付費模式。Naver和KakaoPage等平台的收益有一大部分來自使用者直接支付費用以瀏覽內容。隨著流量不斷增長，這種收入很可能會繼續大幅成長。自二〇一〇年代以來，數位平台一直在推出收費相關的條漫服務，雖然在數位條漫的早期階段他們並沒有收費。當時，Daum和Naver利用免費條漫的制度增加流量，並透過廣告賺錢，所以讀者能免費訂閱許多條漫。當時的條漫被認為是次文化，人們不願意為此付費，與電影和影集等其他文化形式形成了對比。不過，條漫如今已成為重要的數位文化，愈來愈多的人願意付費閱讀。當然，新的模式並不是全面收費。有愈來愈多條漫採用「免費增值」模式——想要搶先閱讀最新話數的讀者就必須付費（Listly, 2019）。換句話說，各話條漫大多可以免費閱讀。但如果有沒通過「棉花糖實驗」，也就是無法忍耐晚點享樂的人，他們可以花錢或使用應用程式的貨幣解鎖最新的章節（稱為搶先看）。例如，在美國，用搶先看收看一話的費用是三到五個代幣（十個代幣相當於零點九九美元）（V, 2020）。

在文化產業中，會使用免費增值模式的主要是數位遊戲公司，而條漫產業也受其影響。免費增值模式在數位遊戲中也稱為免費玩（free-to-play）模式，意味著玩家可以從應用程式商店免費下載遊戲。雖然一開始取得免費遊戲並不需要付出成本，但如果想要存取特定內容，玩家就必須開始以實際貨幣支付增值費用。「免費增值」這個概念的名稱正是由此而來（Ramirez, 2015）。推出免費增值的遊戲公司仰賴玩家花錢購買虛擬物品、貨幣或服務來創造收入，但在一開始則免費提供玩家取得遊戲產品（Wohn, 2014, cited in Ramirez, 2015, 118）。正如伊凡（Evans, 2016, 564）所指出的，「一開始免費取得，然後使用遊戲中的商業策略賺錢，有許多這樣的遊戲在商業上非常成功」。

KakaoPage從二〇一一年韓國的手機遊戲Anipang中發現可以使用這種方式，於是在條漫界推出免費增值模式（Park, M. J., 2020a）。文化規範在社群型遊戲中發揮著重要的作用。就像其他的社群益智類遊戲一樣，Anipang 的玩家可以免費玩遊戲，但遊戲中每輪會扣掉一顆愛心。遊戲中每八分鐘會自動補充一顆愛心，但玩家也可以靠朋友贈送來獲得愛心。如果沒有朋友能贈送愛心，也能花錢購買愛心來繼續遊戲並取得勝利。

免費增值模式在條漫產業中相當流行。首先，平台會免費提供一定數量的開頭章節來吸引用戶，然後再針對後面的章節收費來創造收入。連載的條漫作品通常每週更新一次，就和一般的影集一樣。有些作品會以季為單位推出（也和一般的影集一樣），且「季與季之間有休息空檔」（V, 2020）。與訂閱制不同，這種部分收費制是根據使用者閱讀的章節多寡來收費。使用小額交易（閱讀一話條漫的費用是五百韓元以下）是為了降低掏錢支付的心理阻力，這有助於平台交易的長期發展（Park, J., 2020）。例如在二〇二〇年五月時，讀者在免費閱讀了五十三話《梨泰院Class》後，如果想要繼續無節制地追漫（第三章會討論此現象），就必須支付六千六百韓元（每話二百韓元）才能閱讀剩下的三十三話——這相當於六美元。

主題輕鬆愉快的網路小說已成為智慧型手機時代主要的「零食文化」類型之一（Kim, S.G., 2016）。網路小說和條漫一樣都仰賴數位平台，也常使用相同的免費增值模式。就像條漫一樣，網路小說也使用分段閱讀和付費即讀的商業模式。多數情況下，一篇小說會分為約一百個段落。在閱讀幾個免費段落後，讀者就得付一百至三百韓元才能閱讀下一段。網路小說的讀者數是在二〇〇九年韓國國內推出智慧型手機後才開始成長。

網路小說或條漫平台的另一種主要付費模式是部分付費（partial monetization），即付費搶先看（pay-or-wait）模式（表2.5）。值得注意的是，成人內容和熱門的已完結系列通常全部都需要付費。付費部分的多寡往往取決於該作品受歡迎的程度、讀者留存率和章節多寡。在其他文化產業（尤其是數位遊戲）裡，習慣付費的使用者愈來愈多，而在韓國條漫市場裡，推出付費內容的做法也愈來愈可行（Park, J., 2020）。許多線上遊戲和手機遊戲的玩家若要提升等級，可以花錢購買遊戲道具並立即使用，而不是花上特定長度的時間等待或在遊戲中贏得道具。

數位平台的商業模式已經相當多元化。兩大平台公司旗下的大型條漫平台也發展出各種盈利策略來令自己的影響力和收入最大化。與條漫相關的商業模式平台化清楚指出，為了追求最大利潤，條漫平台發展出多種與企業策略密切相關的商業模式。

表 2.5 條漫平台的類型

<table>
<tr><th>類型</th><th>名稱</th><th>主要
商業模式</th><th>附加
商業模式</th><th>條漫
類別</th></tr>
<tr><td rowspan="3">大型入口網站</td><td>Naver Webtoon</td><td rowspan="3">免費</td><td rowspan="3">付費
搶先看</td><td rowspan="3">一般</td></tr>
<tr><td>KakaoPage</td></tr>
<tr><td>Daum Webtoon</td></tr>
<tr><td rowspan="5">條漫專門網站</td><td>BomToom</td><td rowspan="5">計次付費
（只有最初
幾話免費）</td><td rowspan="5">訂閱制</td><td rowspan="5">成人
或一般</td></tr>
<tr><td>Lezhin Comics</td></tr>
<tr><td>MrBlue</td></tr>
<tr><td>TOPTOON</td></tr>
<tr><td>TOOMICS</td></tr>
</table>

資料來源：Park, J., 2020。

條漫平台的結構性轉變

條漫平台大大改變了其公司股權結構，平台公司會收購相關公司並在國內外建立新的子公司，來負責整個條漫產業。例如，Kakao便快速重組了其條漫業務。Kakao自成立史上第一個條漫平台（當時名為Daum）以來，該公司的策略便不斷進化。Kakao於二〇一三年推出KakaoPage，專門提供為行動裝置量身打造的內容。與Daum合併後，Kakao於二〇一六年成立了一家新的子公司Daum Webtoon Company，將KakaoPage下的網路漫畫平台服務分離出來。

Kakao還發展出全球化策略，包括二〇一六年四月於KakaoJapan旗下成立日本漫畫應用程式平台Piccoma。從二〇一六至二〇一七年，Piccoma的年交易量增長了近十四倍，而且繼續快速成長，二〇一八年成長了一五六%，二〇一九年成長了一三〇%（Kakao, 2020）。

Kakao在條漫領域的進展主要集中在韓國和日本。不過其擴展計畫包括進軍印尼市場，然後是東南亞其他市場。因此，Kakao在二〇一七年十二月收購了印尼最主要的條漫平台NeoBazar，並在二〇一九年以KakaoPage Global之名重新回歸市場（Kim, Y.W., 2018）。

Kakao計畫進一步擴展其於亞洲的服務，包括臺灣、泰國和中國（Park, J.Y., 2020）。

在中國，Kakao與騰訊動漫密切合作，後者是中國最大的動漫平台。二〇一七年，Kakao與騰訊合作向中國讀者推出了超過二十部KakaoPage和Daum平台的條漫作品，例如《討厭戀愛》（*I Hate Love*）、奇幻動作驚悚作品《少女神仙》（*Shaman Girl*）和浪漫喜劇作品《金秘書為何那樣》（*What's Wrong with Secretary Kim?*）。Kakao也設法擴展與騰訊的合作，共享商業模式、平台以及內容（Shin, 2017）。兩家公司計畫將合作擴展到IP領域，包括延伸內容和影片。「騰訊動漫不僅在數位動漫領域擁有深厚的商業經驗，也成功管理著高品質IP的出版權和相關企業。」並表示Kakao正在盡最大努力「成功地將『等待即可免費享受』（Wait then Free）模式引進中國市場，從而幫助騰訊動漫在市場上擴大其影響力」（Shin, 2017）。

Kakao計畫在全球文化產業中通過垂直整合（如迪士尼併購漫威）來創造出協同效應（表2.6）。二〇〇九年，迪士尼以四十億美元的價格收購了漫威娛樂（漫威動漫的母公司）；自那時起，漫威電影的全球票房收入超過了一百八十二億美元（Whitten, 2019）。Kakao最終希望能建立一個內部的娛樂製作部門，藉由控制相關文化內容企業來創造出協同效應（Nam, D. Y., 2020）。Kakao已將其業務從漫畫平台擴展到與漫畫內容衍生作品相關的投資、聯合製作和全球版權業務。他們的主要目標很明確：運用KakaoPage這個行

表 2.6 2020 年 Kakao 在內容製作方面的垂直整合

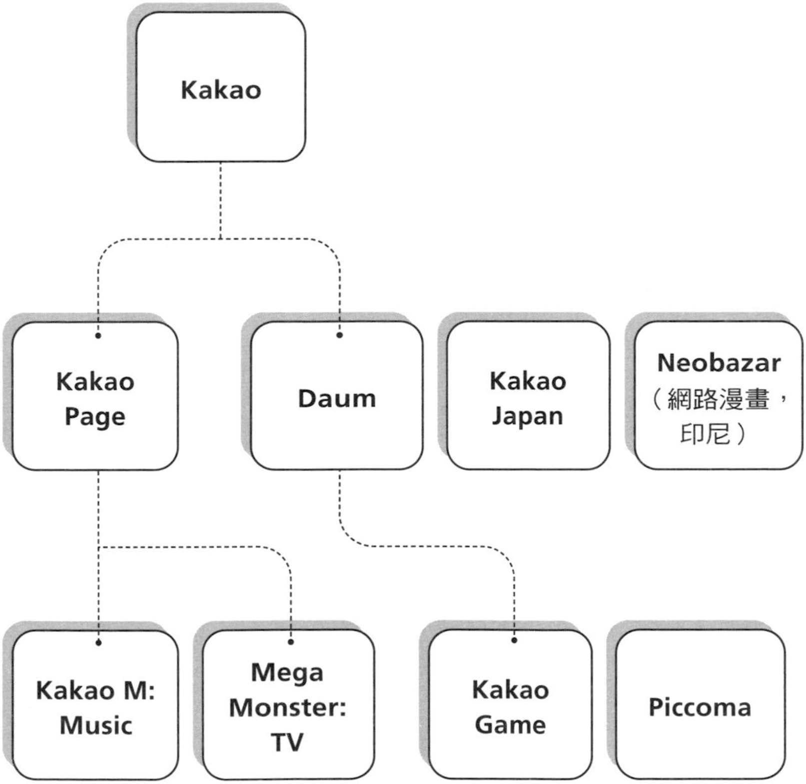

資料來源：Kakao, 2020; Park, J., 2020。

動裝置出版平台服務的廣告和商業化模式，來加強條漫業務的收益，最終建立起內容商品的良性循環（Yoon, S. W., 2016）。最近的發展是，KakaoPage和Kakao M於二〇二一年合併為Kakao Entertainment。Kakao表示，此次合併將使得娛樂產業的價值鏈變得完整——包括故事情節的智慧財產權、創作者管理、作品製作和創作內容的播放平台。Kakao Entertainment使用了「公司內部的公司」（company-in-company）的結構，兩個企業體分別以「Page Company」和「M Company」獨立執行業務，因此KakaoPage仍作為一個平台存在（Song, K. S., 2021）。

Naver也有企業整合的計畫，這對企業的成長至關重要。他們成立了兩家與條漫有關的主要子公司：Naver Webtoon和Line。Naver Webtoon專攻國內和日本之外的全球市場，而Line則專攻日本市場。Line是由Naver的日本子公司Naver Japan開發出來的，是第二代聊天應用程式。正如史坦柏（Steinberg, 2020, 1）的貼切描述，「Line是聊天應用程式轉型而成的社群媒體平台，在日本相當盛行。雖然一開始是聊天應用程式，但如今已發展為成熟的社群媒體平台，同時也是綜合服務提供商。從語音通話（VoIP）和視訊會議到免費遊戲、叫車服務、購物中心地圖、日本新聞中心、影音串流服務，以及面向用戶的廣告——Line的功能幾乎無所不包。Line成了特別盛行於東亞的全能應用程式之一。」他們還在二〇一三年於日本成立了Line Manga，這是一款「擴充服務，是一個與Line通訊分開的應用程式，讓使用者能在路上閱讀漫畫，可用於iOS和Android」（Wee, 2013）。

Naver Webtoon於二〇一八年成立了Studio N，專營以IP為基礎的跨媒體故事講述。其業務重點是把平台上的條漫和網路小說的故事情節，改編為電視劇和電影。Studio N是一座橋梁：「他們協助原創作品的製作和上映，與現有的製片公司聯合製作電影和影集。Studio N的目標是替來自Naver的條漫內容創造出良性循環——Naver一直都在數位漫畫領域深耕。該公司打算將條漫和網路小說與電影和影集的媒介相結合，擴大客戶群並讓作者的收入變得更多樣化」（Top, 2018）。Studio N完全由Naver Webtoon資助成立。正如Studio N的首席執行長權美敬（Kwon Mi-kyung）所說，「我們會找到最佳方式在電影和戲劇中表現出條漫原創作品的特點，做出特色商品，在大螢幕上呈現條漫的獨特處和故事多樣性的故事……作為一個與現有電影和戲劇製片公司合作的IP橋梁公司，我們將創造出一個新的雙贏模式以及各種成功案例，以探索自身在全球市場上的潛力」（摘自Top, 2018）。

Naver Webtoon成功將他們前衛的自助出版平台引入全球市場，打造出充滿活力的條漫生態系，共計有五十八名業餘創作者和一千六百名職業創作者，Canvas（Line Webtoon在美國的自助出版平台）發布的作品數量有望每年翻倍。Naver Webtoon還公布了一項計畫，希望透過他們的媒體製作子公司Studio N加強影音串流媒體服務，希望Studio N成為一家全面性的娛樂公司（Lee, Y. I., and Kim, 2019）。

還有一項相當有趣且具潛在重要性的商業活動，那就是Naver最新的業務重點——ＡＩ人工智慧。包括電影、音樂和廣播在內的文化領域已經快速發展出ＡＩ支援的文化產品系統（Jin, D. Y., 2021），而條漫平台也計畫使用ＡＩ來生產內容。Naver在二〇一七年裡推出了一部名為《遇見》（*Majuchyeotda*）的ＡＩ支援條漫。舉例而言，在第二話中，他們使用ＡＩ技術將條漫中故事主角的臉換成條漫讀者的臉。使用者先以智慧型手機拍照，然後ＡＩ會將使用者的臉轉換成條漫風格（Song, B. G., 2018）。Naver如今對ＡＩ條漫時代的來臨深具信心。

二〇二〇年一月，Naver Webtoon收購了韓國國內的ＡＩ新創公司V.DO（Oh and Choi, 2020）。此外也以六億美元收購了Wattpad，一間加拿大數位故事創作應用程式公司，他們使用由數據驅動的機器學習技術，這是主要的ＡＩ技術之一（Vlessing, 2021）。當然，收購的主要原因之一是這兩間公司在開發全新原創故事，並同時帶來以ＩＰ為基礎的收入方面具潛在的協同作用。ＡＩ已成為許多文化創意和文化產業公司的重要數位科技，未來也將在條漫領域中發揮愈來愈重要的作用。Naver Webtoon繼續追求數位科技（此處是ＡＩ）和流行文化的融合。然而，由於只有少數條漫平台有望能搭上ＡＩ技術的列車，所以Naver將ＡＩ納入其文化生產之舉，預計將會加深巨型條漫平台與小型和中型平台，以及條漫經紀之間的不對等地位。

條漫的平台化表明，隨著時間過去，條漫與網際網路、智慧型手機、應用程式和人工智能等數位科技間的關係發生了巨大變化——這些變化是由Daum和Naver等數位平台推動，是前所未有的發展。[2] 智慧型手機和條漫的普及創造出以應用程式為中心的新形態全球市場，迎來了應用程式經濟（Jin, D. Y, b）；應用程式經濟（App Economy）指與行動應用程式相關的一系列經濟活動（MacMillan and Burrows, 2009）。正如馬諾維奇（Manovich, 2013, 7）所言，「Google、Facebook、iOS和Android等平台已成為全球經濟、文化、社會生活的中心，並逐漸發展為政治中心」。因此，必須從細緻的角度來看智慧型手機和應用程式的發展及其影響（Jin, D. Y, 2017b）。就韓國的平台而言，條漫完全主導了大眾文化和數位科技的平台化。

於此同時，在二〇二〇年五月二十八日，Naver公布其全球化策略的一環，將其位於美國的Webtoon Entertainment設為線上條漫業務的總部（Choi, M. Y., 2020）。根據Naver Webtoon（2020a）的說法，總部位於加州的Webtoon Entertainment買進了Naver的日本條漫部門Line Digital Frontier的大半股份，並重組了以韓國為總部的Naver Webtoon。Webtoon Entertainment如今控制了韓國的Naver Webtoon和日本的Line，同時更在歐洲和南美拓展業務。透過這種結構轉型，Naver正將其條漫服務推廣到整個全球市場，而他們的

IP生意也正與迪士尼和Netflix密切合作。換句話說，Naver正在把條漫業務重組並轉移至其全球總部，以便更快接觸到英語讀者。Webtoon Entertainment 如今負責Naver的整個條漫業務，並打算將韓國的數位文化內容帶到更多國家，包括歐洲和南美。Naver預期，條漫將會搭上韓流的風潮（Hong, S. Y. and Lee, 2020）。要分析Naver的「條漫宇宙夢」（Yecies, 2018）還為時過早，但對於一個地方的數位平台來說，這確實是相當遠大的夢想。這是一個雄心勃勃的計畫，因為韓國沒有其他重要文化產業公司在美國設有總部。此事顯示出他們最終也許會改變在地和全球間的權力關係，因為他們有可能以美國而非韓國為根據地，推動一間韓國文化企業進入美國和其他國家的市場。[3]

Naver和Kakao已經完成垂直整合，這是文化生產平台化的另一種形式。平台化不僅是改變市場結構和策畫內容的外部過程，推動它的還有數位平台公司關於平台的生產和分配。當我們研究平台化如何改變文化產業的物質結構，這點就變得很清楚，而數位平台如今也成為其中相當重要的一部分：

> 在此，商品的有限性再次顯現。文化生產者轉變為平台完善者，他們有動力改變傳統的線性生產過程，轉向迭代、數據驅動的過程，在其中不斷修改內容以改良平台的發布和盈利。過去十年裡，數位平台推出了一系列服務，促使生產者透過其平台管理、發

布內容並獲利。平台提供API、SDK和開發文件的便利存取，這是一個相當具吸引力的選擇，可以代替實體的發行基礎結構或自行操作的數位財產（Nieborg & Poell, 2018, 4287）。

數位平台改變了文化產業，因為平台成了整個文化生產過程中的要角。條漫是新的數位文化形式，融合文化產品和數位科技。條漫市場持續成長的同時，數位平台也透過條漫的平台化，讓自己在條漫領域中成為更重要的角色並獲得最大利潤。

韓國最大的兩個數位平台Kakao和Naver在過去十年裡都大幅改變了他們的商業結構。他們最初都是企業內部小型的新創嘗試，但現在已經成為條漫業界最大且最重要的數位平台。這兩個平台成立了新的子公司，收購小型條漫公司，也與外國條漫平台合作。因為這種平台化，他們能夠控制條漫生態系，並深化在全球條漫市場中作為主要角色的實力。身為具主導力的平台商，他們能確保獲利。在條漫價值鏈中，平台商首先從市場擴展中獲益，因為他們可以管理所有內容收入的金流（Park, J., 2020）。尤其是Naver和Kakao的條漫服務平台統領業界，有著韓國和海外的用戶流量強勁成長的支持，盈利快速成長。值得注意的是，Naver Webtoon在美國等海外市場的用戶流量和收益也出現大幅度增長。

不過，權力集中到這些平台手中導致了創意的流失。由於個別繪師必須遵循Naver、Daum和KakaoPage的編輯和企業政策，他們的創意自由並沒有保障。許多有志於成為條漫創作者的人想在這兩個平台上發布自己的作品，但與其他創作者的激烈競爭導致他們的機會受限。換句話說，結構層面上的平台化不僅意味著幾個條漫平台壟斷業界，也導致條漫創作者集中到一些以商業條漫為主的平台。這種情況下，條漫創作者的創造力和作品的多樣性無法得到保障。風格類別方面的多樣性尤其受到負面影響，因為Naver、Daum和Kakao的主要重心在於推出青少年喜歡的輕鬆幽默作品，而不是細膩的長篇故事，雖然他們近年來仍有推出一些嚴肅的作品（Cho, E. A., 2014）。如果條漫創作者的作品主題和類別較小眾，他們就必須尋找能見度可能不如這些巨型平台的其他平台。

條漫IP的平台化

近日，IP的存在對於條漫平台來說變得重要，因為作為原創內容來源的條漫已經成了全球流行文化的一部分。條漫的人氣日益上漲，這使得全球文化產業不得不開始思考IP在全球化進程中持續提升的重要性。以條漫基礎的大螢幕作品人氣水漲船高，電視節目和電影皆然，條漫平台近日也開始將注意力放在以全球為受眾的翻拍作品和格式。平台讓原創故事成了材料化和商品化的重要角色。

數位平台和內容供應商可以將條漫內容授權給大螢幕內容（表2.2和2.3）來創造收入。隨著條漫改編的影集或電影不斷增加，以及平台商垂直整合企業內部的內容製作，內容供應商作為ＩＰ內容持有者的力量也不斷增長。如前所述，條漫平台成立內部工作室或收購其他公司的主要目的之一就是開發ＩＰ。例如，Naver於二〇一八年成立的Studio N與文化製作公司合作，開發並發行了許多以熱門條漫ＩＰ為基礎的影集和電影（Sohn, J. Y., 2018）。因此，許多條漫平台和相關公司主要將ＩＰ視為新的收入來源，因為授權金的收入可能會大幅增加（Park, J., 2020）。

然而，ＩＰ並不僅僅是簡單的智慧財產權。正如易西斯等人（Yecies, et al., 2020, 42）所指出的那樣，跨媒體流動和參與式文化在二十一世紀初伴隨著這個新ＩＰ引擎的擴展：「其生產、分配和接收的脈絡，包括從多個網站收集到不起眼的觀者數據，都顯示條漫正協助創造出『ＩＰ引擎』（IP engine）——一個在多個格式、平台和產品之間轉化的單一來源。」李金盈（Li, 2020, 226）認為ＩＰ的概念並不是狹義的智慧財產權，而是「跨媒體內容作為可供改編為電影的原創智慧財產。ＩＰ文化內容的概念指的是一種熱門策略：將文化生產與更大的跨媒體生態系結合起來，而這個生態系經由數位平台衍生出各種類型的內容，包括電影、動漫、小說、遊戲、音樂和電視節目。」李金盈強調的是，ＩＰ並不僅是指智慧財產權，而是指一個建立在平台基礎結構和運作之上的複雜跨媒體系統。

雖然這些學者對ＩＰ概念的謹慎擴充相當及時和適切，但他們忽略了以ＩＰ為基礎的跨媒體故事講述其中一個特殊面向：以大螢幕文化為媒介的傳播對原創文化內容（包括條漫和網路小說）的潛在影響。一旦作為原創資源的條漫轉化為大螢幕文化，廣受歡迎的視覺內容（如條漫改編的電影、影集和遊戲）會增加受眾對條漫原作的消費欲望。例如，許多觀眾在觀賞了《甜蜜家園》（*Sweet Home*）——一部於二〇二〇年十二月在Netflix上首播的條漫影集——之後，又在Naver Webtoon 的美國平台上閱讀了條漫原作。因此，流行文化領域的ＩＰ不僅應被理解為一種將內容從條漫搬上大螢幕的跨媒體故事講述形式，更是原創內容與跨媒體文化內容之間互利互惠關係的集合。ＩＰ為條漫平台和條漫創作者帶來了額外的收入，因為全球觀眾在看了以條漫為基礎的大螢幕文化內容之後，開始回頭尋找原作。Naver首席執行長韓成淑（Han Sung-sook）在二〇二一年二月的一次記者會上表示：「條漫改編的影集《甜蜜家園》於二〇二〇年十二月在Netflix上播出後，Naver Webtoon的全球流量增加了……我們可以觀察到這促進了各種內容的消費」（摘自Aju News, 2021）。因此，條漫平台化下使用ＩＰ的觀念，已經超越了傳統ＩＰ的概念。在條漫的世界裡，ＩＰ是良性循環的工具。

持續拓展內部工作室和條漫代理業務並經營跨媒體的Naver和Kakao就這樣累積了更深厚的實力。Naver Webtoon旗下的Studio N分別與Studio Dragon和CJ E&M共同製作了《他人即地獄》（*Hell Is Other People*，OCN電視網）和《很便宜，千里馬超市》（*Pegasus Market*，tvN電視網），而Kakao旗下的Mega Monster則與Zium Content共同製作了《觸及真心》（*Touch Your Heart*, tvN）（Park, J., 2020, 18）。電視頻道和OTT服務中，條漫改編的戲劇作品持續增加。

有趣的是，這些平台在IP發展的同時，也開發出一種新的小說條漫（novel-comic）策略，把網路小說改編成條漫，再改編為大螢幕內容。比起條漫，網路小說可以在短時間內輕鬆創作，因為不涉及視覺藝術。只要某些網路小說在平台上受到歡迎，平台公司就會挑選有名的條漫創作者把小說畫成條漫。第一個著名的例子是《金秘書為何那樣》，這部作品本是鄭景潤（Jung Kyung Yoon）在二〇一三年出版的小說。KakaoPage邀請鄭景潤在平台上創作同名網路小說，於二〇一四至二〇一七年間連載，作品非常成功。二〇一八年，此作改編成電視劇在tvN上播出。Kakao持續發展這種小說改編成條漫的策略，把一些知名的網路小說改編成條漫。例如，他們把《月光雕刻師》（*The Legendary Moonlight Sculptor*）改編成條漫，並於二〇一九年推出了手機遊戲。另一個例子是著名的網路小說《聽說我爸是國王》（*They Say I Was Born a King's Daughter*），

KakaoPage在二〇一五推出該小說，緊接著於二〇一六年發表同名條漫作品。同一年，美國條漫平台Tapas上架該條漫的英文版本。由小說改編為漫畫的策略已成為巨型數位平台重要的新商業模式之一。

在條漫領域中，內容ＩＰ已成跨媒體故事講述的主要特徵之一。這樣的ＩＰ符合粉絲參與的特性，透過促進消費ＩＰ來進一步吸引觀眾進入故事世界，從而增強文化內容和數位平台的價值（Lee, S. M., 2017）。在網路時代，文化產業的平台化「用文化生成、管理和控制的新邏輯深刻改變了文化的生產與消費，而這套邏輯受數位平台技術和政治經濟所支配」（Li, 2020, 227）。李金盈（Li, 2020, 227）進一步指出ＩＰ在數位平台生態系的時代中的重要性：「ＩＰ的核心價值……在於網路連接大量使用者與內容所產生的可盈利數據。因此，ＩＰ系統的運作不太像是文本改編的過程，而比較像是網路聚集的跨媒體模組，這些模組往往是碎片化且極具情感的。換句話說，ＩＰ的主要目的不僅是讓內容在不同媒體間增殖，還要組合並使用這些網路模組，以便產生、增強和管理使用者溝通和資訊接觸來盈利。」條漫的平台化仍然持續進行，這將會改變全球貿易和跨國化的範圍和方向。與其他文化內容不同，作為ＩＰ引擎的條漫強力推動了跨媒體獨特的跨國化過程。

當然，這也出現了一些社會文化問題，因為與其他文化產業（如電影和音樂）的創作者相比，條漫的合約還沒有那麼完善——部分原因是條漫的歷史太短。跨媒體故事講述正變得愈來愈複雜，但條漫創作者普遍缺乏對其合約權利的特定知識。條漫創作者在職涯的早期階段知名度普遍不高，與條漫經紀或條漫平台簽訂不公平合約的情況非常普遍。在ＩＰ的階段，有些巨型條漫平台和經紀會在合約中規定，即便他們並沒有直接參與條漫的創作，仍與作者共同擁有版權（Lee, E. J., 2021）。條漫平台和其內部公司會根據這種不公平的合約主張衍生作品的使用權，條漫創作者因此被剝奪了在其原創條漫出版後，以更好的條件從作品中獲益的機會。這些ＩＰ業界的不利狀況意味著條漫創作者正在失去賺取外部收入的權利。雖然條漫在跨媒體故事講述方面的人氣持續上漲，但除了少數案例之外，大多數的條漫創作者都無法以版權費作為主要收入來源（Korea Creative Content Agency, 2019d）。唯有當創作者的作品廣為人知並受人尊敬時，條漫平台才會關注創作者的發展，並支付高額費用來使用其作品（Caves, 2000, 39）。

然而，條漫平台在與個別創作者交涉時往往擁有巨大的權力，因為大多數條漫創作者不僅是想要在這些主要平台上發布作品，他們是必須要這樣做才能累積大量讀者並從中成長。此外，跨媒體故事講述和ＩＰ的結合有眾多面向且無法預測，所以大多數條漫創作者只能把事情交給作為居中協調而非僅為中介的巨型數位平台（Gil espie, 2010; van Dijck, Poell and de Wall, 2018）。這種不確定性讓條漫創作者在跨媒體的過程中處於劣勢，因為他們不熟悉跨媒體故事講述的系統。就像其他文化領域的創作者一樣，條漫創作者可以「賣斷作品並將所有未來使用和展示的權利都轉移給平台」，也可以「分割權利個別出售，或僅出售部分而保留其他權利」（Caves, 2000, 280）。真正的問題是，大多數條漫創作者無法預見作品未來的發展，也無法確保自己的權利。作為ＩＰ引擎的條漫能為創作者帶來未來的利益，但位居中間、控制著文化產品生產週期的條漫平台，是跨媒體故事講述和ＩＰ結合的最大贏家。

結論

本章對條漫的平台化進行了批判性分析。二十一世紀初，條漫成了文化內容和數位科技之間媒體匯流的象徵，青少年和其他消費者都喜歡條漫。電視和電影公司是先製造出文化產品，然後才在網路上傳播。因此，上述業界的媒體匯流通常是兩個獨立實體的結合。但對於條漫來說，兩個實體從一開始就結合了。條漫創作者透過數位科技直接創作條漫，並在數位平台上發表作品。

雖然條漫平台有數十個，但近年來，Naver Webtoon和KakaoPage（包括Daum Webtoon）在條漫業界逐漸占據主導地位，條漫和條漫創作者成了他們的搖錢樹。這些巨型數位平台盡可能大幅控制文化生產，成為條漫的生產者、流通者和展示者，他們不是分離的實體而是整體流程的控制者，大大促進了文化生產的平台化。作為巨型數位平台，Naver Webtoon和KakaoPage靠著計次付費（pay-per-view）模式、廣告收入和IP收入建立起新的商業模式。

毫無疑問，條漫市場的權力平衡正向數位平台的方向傾斜。正如史坦柏（Steinberg, 2020, 8）指出的那樣，在全球文化市場中，數位平台「不太是抗衡的力量——反抗全球資本的在地站點——反而是地區性的參賽者，充分利用地區特色和文化軟實力來取得在地科技主導權」。條漫領域中的巨型平台是至關重要的站點，「與其說是為了要尋找抵抗全球資本及其科技巨獸的力量而顯得重要，不如說是為了應對本地或地區文化生產平台化的變遷而變得重要」（Steinberg, 2020, 8）。其他全球平台仍專注於特定的商業模式——如Facebook的廣告投放和Netflix的訂閱模式——但條漫平台已將商業策略多元化，以便在數位文化市場上獲得最大的利潤。數位平台也在科技上決定了人們的消費習慣，這意味著條漫平台不僅主導文化生產，還會居中協調這個過程，以最大化自身利潤（Jin, D. Y., 2015b）。

因此，條漫的平台化導致了各種嚴重的權力失衡。具體而言，平台化加劇了少數數位平台對條漫市場的寡頭統治。對於條漫創作者來說，數位科技是雙面刃：既是機會也是威脅。雖然Naver、Daum和Kakao相互競爭，要讓知名創作者在自己網站上發表作品，但大多數創作者的報酬很低，甚至沒有報酬。我們可以說，雖然狀況已有所改善，但條漫的商業模式仍奠基於剝削創作者對於能見度的渴望，因為巨型數位平台能控制此事（Baek, B. Y., 2014a），儘管現況已經有所改善。除非條漫業界發展出一種新的生產模式，利用各種工具加強條漫創作者而非條漫平台的主導地位，否則條漫的平台化將會繼續下去，最終可能對業界產生負面影響。正如金知賢和柳俊（Kim and Yu, 2019, 10）所主張，條漫產業的平台化還意味著「文化生產的社會科技組織、商業實踐和相關參與者之間關係的性質都產生了變化，為持續發生的問題帶來新的細膩差異，有時能為創意勞動帶來新的機會。我們未能考量到產業內部的大範圍重構，這表示我們缺乏基本工具來進一步分析這些現有的問題，以及在文化生產持續平台化的脈絡下不斷出現的新問題。」

整體而言，數位平台在早期階段發揮重要作用後，如今則在條漫領域中繼續扮演著領導角色。Naver Webtoon和KakaoPage開發出新的商業模式並擴張自身權力，藉此利用全球文化市場中的新數位文化產品來獲利。由於平台的文化生產嚴重仰賴使用者，數位平台不僅生產文化內容，也透過平台化推動了新形式的文化消費和市場化過程。這些從地方出發的平台所使用的商業模式和企業策略，如今在全球文化市場中發展出新的規範。

3

條漫的數位世界：零食文化與追漫文化

近年來，全球的年輕人都使用個人行動裝置和串流服務來享用流行文化。與前一代人不同，他們覺得在智慧型手機和筆記本電腦上以個人來消費流行文化很自然，因為他們從小就使用這些數位科技。對數位科技的依賴已經深刻改變了他們的消費習慣，並推動各種數位文化的發展。他們參與文化活動的主要方式之一是「零食文化」和「追漫／追劇文化」。一方面，由於行程繁忙、大量使用科技、快速消費內容和強調個人生活方式等因素，全球青少年和青年通常不會定期安排時間來消費流行文化，或是在客廳與家人一同觀賞節目。許多千禧世代和Z世代反而更喜歡在很短的時間內消費流行文化。另一方面，他們也會在有時間的時候花上好幾小時連續消費文化內容，也就是所謂的追漫或追劇。自二〇一〇年代中期以來，這些在表面上看似不同，但實際上有所相關的新形態消費行為，已經迅速成為條漫數位消費和青少年文化場景中相當明顯的習慣。

零食文化和追漫文化密切相關，兩者可以被視為一體兩面。正如我在前兩章中所討論，條漫創作者每週會在條漫平台上發表幾篇新作，這推動了快速閱讀和零食文化的發展。然而，全球青少年與青年也透過「追漫」來消費條漫——連續閱讀多個章節的條漫，中間幾乎不休息。他們甚至會付費提前閱讀後面章節，而不是等到全面發行或免費開放。在數位平台的年代，條漫大大推動了青少年追漫的習慣。此外，Naver Webtoon和KakaoPage等條漫平台近年來也發展出免費增值模式，這往往也會鼓勵追漫行為。

不過，針對條漫世界或一般流行文化中的這種現象，發表研究的學者並不多。本章將會討論零食文化和追漫文化這兩個條漫的主要文化特點。第一，我會分析零食文化和追漫文化，這兩種數位趨勢在近年來大大改變了人們的文化消費習慣。我探討了條漫迷如何在速度文化興起的同時，改變了他們閱讀條漫的方式，當代社會的忙碌生活模式導致了人們以享用零食的方式來消費大眾文化。第二，由於條漫是在數位世界的脈絡中引入追漫行為的主要文化貢獻者，我探討了條漫迷為什麼會追漫。第三，我介紹了條漫平台如何利用追漫文化來獲利，主要是條漫平台設計出這種新的文化來引進新的消費模式，以獲取利潤。

條漫作為新的數位文化

自網路被發明並廣泛使用以來，數位科技發展出相當有趣的文化，也改變了青少年文化。有鑑於數位科技急遽發展，如今我們在欣賞流行文化時有著比以往任何時候都還要更多的選擇，這一點也不足為奇。想要收看影集或欣賞音樂會的人們甚至不用離開自家客廳，他們只需要數位裝置和網路。人們大量使用智慧型手機也大大影響了青少年文化的主要特徵，因為他們現在可以透過這台小小的裝置來享受各種流行文化。數位科技促進了開放、參與和分享等文化元素的發展，這些都是Web 2.0文化的特色（O'Reilly, 2005）。參與是媒體匯流的一部分，而媒體匯流是一個由消費者驅動的過程，「很大程度上可以將其視為粉絲文化（fan culture）的延伸」（V. Miller, 2020, 101）。正如詹金斯（Jenkins, 2006, 3）所指出的，匯流文化是一種參與式的文化，這種文化「鼓勵消費者去尋找新的資訊並自行連結分散的媒體內容」。

雖然條漫與其他數位文化有些共通點，但它們也具有吸引十幾歲和二十幾歲年輕人的獨特之處。條漫的Web 2.0特徵與以網路為基礎的現有數位文化不同，因為由數位平台所開發出的條漫主要針對的是智慧型手機使用者。舉例而言，條漫具有先進且獨特的參與文化，其中包括條漫創作者和讀者之間即時而靈活的互動。無論何時，條漫創作者在網上發表新的條漫作品或新的章節，讀者都可以透過線上粉絲網站（包括社群媒體）立即發表自己的感受和意見，甚至建議條漫創作者未來的方向。讀者還能評分，以便條漫平台和條漫創作者可以快速看到人們對條漫的反應（Valtysson, 2010）。互動和流通是虛擬世界的兩個重要特徵，Web 2.0已讓大眾得以接觸這些虛擬的世界。網際網路和智慧型手機等Web 2.0科技的文化資訊流動提高了文化參與度，也改變了粉絲參與的性質（Valtysson, 2010, 200）。條漫擁有非常簡單的結構，這讓條漫創作者和讀者之間可以輕鬆交流，而韓國條漫的成長特別要歸功於行動文化（mobile culture）。正如學者（Ok, 2011, 330）所指出的：「大多數以螢幕為基礎的行動媒體服務，主要消費者都是年輕人。例如（早期）3G行動多媒體內容服務特別是設計來滿足和最大化年輕族群的需求。自二〇〇二年以來，韓國行動運營商為了滿足年輕人的胃口，一直在探索以手機為主的內容。」

雖然條漫具有許多文化和科技元素，不過是兩個主要的文化面向——零食文化和追漫文化——揭示出其構成一種新數位文化的特徵，讓其有別於其他形式的流行文化與數位文化。這兩個條漫的主要文化元素大大影響了人們的文化活動和條漫平台的商業模式，本章以下的部分將會討論這點。

乘著零食文化浪潮的條漫

條漫如今作為零食文化的身分已獲得很大的強化——零食文化指的是自從手機平台出現在文化產業中以來，人們快速消費資訊和文化資源，而非更深入探索的習慣（Chung, A. Y., 2014b）。零食文化代表著現代人尋求便利文化的傾向，就像花上幾分鐘吃點心餅乾一樣（N. Miller, 2007）。流行文化愈來愈像餅乾一樣被包裝成一口大小、供快速消費的商品，背後則有數位平台的支持（Moura, 2011）。從音樂到手機遊戲和電影，許多人像消費糖果和洋芋片一樣消費流行文化，「很方便地包裝成一口大小，能以更高的頻率與最快的速度輕鬆咀嚼」（N. Miller, 2007），而條漫已發展成為一種零食文化形式。

許多韓國人開始在家裡和工作時，用筆電來連上兩個最大的入口網站Naver和Daum來閱讀條漫。如今在地鐵上可以看到許多人（特別是青少年和青年）以手指快速滑動他們的智慧型手機。坐著的時候，他們可以橫著拿手機，用兩隻手來玩手機遊戲。但找不到座位時就無法使用雙手，因為他們必須握住上方的吊環。有許多人只用一隻手來閱讀條漫，以拇指來滑動畫面，其他手指則拿著手機。智慧型手機的主要文化特徵之一是行動性，人們可以無限制閱讀條漫，不受時間或空間的限制。網路和智慧型手機已成為驅動零食文化成長的引擎，許多新的流行文化創作者（包括條漫、電影和電視劇的創作者）迅速開始利用數位科技和文化內容之間的匯流來開發出一種新式文化。

關於零食文化的特質，關鍵點是注意到條漫如何為了讓讀者使用手機閱讀而進行改良，這讓條漫有別於其他漫畫種類。由於新的數位科技（尤其是智慧型手機）「在都市環境中創造出新的虛擬空間」，文化和社會空間「不僅變得虛擬，而且變得具行動性」（Moura, 2011, 39）。在數位平台時代，能改良文化生產的各種要素與零食文化的特色不謀而合：適用智慧型手機、按需供應（on-demand）、快速、小巧。行動性與零食消費之間的關聯也是韓國條漫文化中最重要的幾個面向。

舉例而言，韓國的首都是世界上人口密度最高的大都市之一，首爾都會區的大多數居民——約一千萬人口——每天都使用地鐵通勤。在大眾運輸系統中或其他地方，條漫是年輕人在他們方便時以智慧型手機享受的主要文化內容（按需供應媒體的主要特色）。二〇一九年，首爾都會區的平均通勤時間是每個工作日八十七分鐘（Jin, M., S., 2020），人們在通勤時會用智慧型手機聽音樂、看新聞、查看即時訊息（例如KakaoTalk中的訊息）、玩手遊和讀條漫。

相較之下，你可以在日本幾乎每個火車站找到刊有連載漫畫的雜誌，並在通勤期間閱讀。日漫發展的主要貢獻者是每週和每月出刊的漫畫雜誌，「每期收錄大約十到二十個系列作品的連載章節」，並且在日本很常會看到「成年人在火車上或便利商店閱讀漫畫」（Matsutani, 2009）。這兩個國家對漫畫——日漫和韓國條漫——的消費顯示出行動性或通勤行為與零食消費之間的關聯，是這兩種文化形式發展的主要原因之一。然而，韓國條漫與日漫不同，部分原因在於條漫的平台化，正如我們在第二章中所討論。這凸顯出數位科技在條漫的生產和消費中發揮著重要的作用。

更重要的是，條漫發展出一種新形態的速度文化。批判理論家（Crary, 2013; Sharma, 2014; Wajcman, 2015）對伴隨數位科技而發展的速度文化提出了各種觀點。這些學者並未稱讚數位科技在當今世界（特色是全天候、便於攜帶的文化）中發揮著愈來愈大的作用，從而導致零食文化的出現，反而是批判檢視了「新科技和快速流動的資本如何預示著嚴重的政治和社會後果」（Sharma, 2014, 6）。威吉曼（Wajcman, 2015, 183）指出，「當代對於速度的要求既是物質上的也是文化上的」。在她看來，包括數位平台在內的數位科技是「我們對空間、時間、交流和意識的體驗中不可或缺的一部分，凝結為新的存在方式、認知方式與消費方式，既反映出我們的高速文化，也形塑之」（184）。

毫無疑問地，許多韓國人都急於抵達目的地、完成手上的任務，以便繼續進行下一個任務，然後再完成任務、再進行下一個任務（可參考 Aizu, 2002; Johns, 2011）。「Balli, balli」（意為快點）是韓國人的常用語，韓國人的生活方式由此可見。韓國的「Balli,

balli」文化和韓國人的堅定毅力是韓國擁抱數位文化的部分原因。韓國引人注目的進步科技也展現在寬頻、KakaoTalk、智慧型手機上，如今條漫也名列其中（Aizu, 2002; Johns, 2011; Jin, D. Y., 2017a）。

韓國發展出零食文化的部分原因是文化類別與智慧型手機匯流的出現。作為全世界網路覆蓋率最高的國家之一，韓國擁有先進的尖端科技，以及最多的寬頻服務和智慧型手機。這些科技不僅大幅改變了人們的日常生活，也改變了他們消費文化內容的習慣（Jin, D. Y., 2019a）。人們的日常活動嚴重依賴智慧型手機，而文化內容供應商則推出了許多可以用短短十分鐘以內，在行動裝置上閱讀的條漫、網路戲劇和網路小說。確實，智慧型手機能提供廣泛的文化內容，幫助人們忍受在首爾這種大都會裡的無聊通勤。零食文化是智慧型手機使用者（整體而言是數位使用者）渴望在路上短暫享用文化內容，而不是特意空出時間進行文化活動的結果（Baek, B. Y., 2014c）。

莎拉・夏瑪（Sarah Sharma）強調速度文化對民主的傷害而非助益。她認為「當代研究速度的學者關注的是速度文化如何與民主對立」。「這些故事都具有相似的警示意味：速度是一個相互增強的綜合體的副產品，這個綜合體包括全球資本、即時通訊科技（如本書討論的數位平台）、軍事科技，以及關於人體的科學研究。即時通訊取代了民主協商」（Sharma, 2014, 6）。

二十一世紀裡，有許多人背負著極大的時間壓力，由於時間不足，他們會以迅速的方式消費。降低各種活動所需的時間是全球青少年面臨的最大挑戰之一，他們在消費文化產品時試著縮短時間或加快速度。自然而然，零食文化成了全球青少年間的趨勢。然而，零食文化與速度文化之間的關聯，很可能會傷害強調大眾文化領域中的多樣性和協商性的文化民主（cultural democracy）。零食文化似乎確實能夠讓個人能夠自由接觸流行文化。然而，它並不能完全保證人們的自由（Moura, 2011），因為最終只有少數幾個巨型數位平台（如Naver和Kakao）控制著條漫世界。零食文化已經在當代社會引起了眾多關注。正如夏瑪（Sharma, 2014, 139）適切描述的，隨著速度文化發展出新的時間形式，也出現了新的剝削形式：新的「零食文化」或「追漫／追劇文化」無疑「為長久以來的結構性不平等之惡化提供了新的洞見」。條漫平台吸引了忙碌的數位原生代和當代全球青年。條漫平台鎖定了他們的通勤時間這類的短暫空檔（零食文化）或週末的放假時光（追漫文化），從而大大增加了自己的收入。

正如威吉曼（Wajcman, 2015, 75）所指出的，「在我們生活的社會裡，一週五天、標準工時的工作不再是常態了，大多數人的工作時間不再同步。彈性工時、二十四小時輪班制和合約工作導致了協調問題，因為工作時間和地點愈來愈不規律、愈來愈分散。」重要的是，包括條漫平台（例如Naver Webtoon）在內的數位平台已取代了傳統的消費方式，在流行文化領域建立了前所未有的強大霸權。

零食文化即將讓文化生產的重點從生產大眾文化轉變為消費文化內容。當讀者繼續在智慧型手機上欣賞一話只需花十分鐘閱讀的條漫時，KakaoPage（2021）推出了一項新的隨選影片（video-on-demand）服務，名為「免費十分鐘影片」（Free 10 Minute Videos），提供二〇一八年之後製作的影視作品。智慧型手機使用者可以免費收看十分鐘的預告片，也可以購買更多片段內容，每個片段都是五到十分鐘。考量到零食文化的流行，KakaoPage為了擴大用戶群而採取了一項新策略：增加供應行動內容。在韓國，智慧型手機使用者現在會在通勤途中或空閒時間，消費十分鐘的網路文化內容，如條漫、網路小說、網路戲劇、其他網路娛樂和手機遊戲（Chung, A. Y., 2014b）。換句話說，主要是隨著條漫而發展起來的零食文化影響了其他相關的文化形式，包括電影、影集和網路娛樂。因此，以條漫為基礎的零食文化改變了文化產業的遊戲規則，因為它改變了人們（尤其是青少年）消費文化內容的方式。零食文化有幾個主要特點，能夠容納智慧型手機文化消費的改良，所以我們能預期它在未來將持續發展。

這引起的問題不只是上文所討論的速度文化帶來的負面影響。在COVID-19的時代，由於疫情的不確定性，人們的時間和空間經常無法得到恰當的管理。這種新的常態再加上數位平台的存在，導致零食文化和追漫／追劇文化變得更加盛行，因為人們忙碌的行程表讓他們沒有時間消費大螢幕文化。此外，那些因為工時不規律而需要待在家工作的人可以輕鬆消費零食文化。在這些條件下，數位平台——特別是條漫平台——可以利用工作時間和工作空間的變化來獲利。二十一世紀初，消費者可以在任何時間和地點來消費文化，數位平台便利用新的數位文化來讓收入最大化。

追漫文化的出現

條漫在數位平台時代創造出的另一種重要青少年文化形式是追漫。追漫／追劇的意思是一次花上數個小時來消費文化內容。雖然追劇現在因Netflix而變得很普遍，但這種模式並不僅限於影視作品：還有一些人會在放假時間追漫或追書。在本節中，我將探討追漫的歷史和新的商業模式：追漫／追劇文化如何出現在流行文化，以及商業模式與文化消費習慣的匯流之中。

從追動畫到追條漫

追劇這個概念的歷史值得我們討論，因為這有助我們理解追漫文化。作為一種文化現象，追劇的概念最早出現在一九七〇年代，起初被稱為「電視馬拉松」（Rodriguez, 2019），早期的例子包括在動漫迷社群用VHS錄像帶來馬拉松式收看進口日本動畫。一九七〇年代末，美國也開始舉辦動漫展（Daliot-Bul and Otmazgin, 2017）。當時，日本動畫在美國非常流行，許多動漫迷組成社群一起欣賞動畫，同時進行角色扮演（Cosplay）。然而，正如大量紀錄指出的（McKevit, 2017），動畫作品相當難取得。在錄影帶普及之前，廣播電視是唯一選擇。進口錄影帶非常昂貴，單部電影或短篇全集的價格約為七十美元至一百美元。最便宜的空白錄影帶大概是一捲十八美元，而錄影機也非常昂貴。所以熱愛動畫的動漫迷通常會買空白錄影帶送給擁有錄影機的朋友。一旦當週的動畫集數錄製完成，動漫迷就會聚集在一起，馬拉松式收看該週的內容（Plunkett, 2016）。

隨著隨選影片（尤其Netflix）的出現，「追劇」一詞在二〇一〇年代開始流行。有趣的是，此事開始流行時，Netflix其實比較喜歡「馬拉松」一詞。Netflix高層陶德・葉林（Todd Yellin）表示：「我不喜歡『追』（Binge）這個詞，聽起來不太健康。『馬拉松』聽起來比較有慶祝感」（摘自Jurgensen, 2012）。原因是「Binge一詞與過度飲酒、暴飲暴食，以及過度的行為有關，而『馬拉松』則具有健康和成就的正面含義」（Rodriguez, 2019）。但隨著時間過去，Netflix不得不接受「追劇」一詞，因為媒體經常使用此詞。追劇已成為OTT服務平台最具特色的消費方式之一。然而，追劇在平台時代的歷史尚短，在媒體研究中仍未出現一致的定義。研究電視觀眾的學者有項重大的任務，就是描繪出「追劇這個標籤目前所涵蓋的實踐範圍」（Turner, 2021, 229），因為全球年輕人消費文化的方式已大幅改變了。

早在追劇因Netflix的出現而盛行之前，文學領域就已經出現了追書文化（Binge-reading）。書商「希望能夠比以前更快發行續集作品，滿足讀者對喜愛的小說之續集的胃口。暫且稱之為追書，到目前為止，能讓讀者追書的作品只有書店貨架上已經有多本書的系列作品」（Armstrong, 2014）。然而，「追書」作為一常見用語則是出現在二十世紀末和二十一世紀初的雜誌中，指的是一本接著一本密集閱讀特定小說家的作品，其中包括查爾斯・狄更斯（Dickensonian, 2004）。線上文學雜誌《The Millions》在二〇一一年使用了這個詞，當時佛斯特－西默（Charles-Adam Foster-Simard, 2011）寫了一篇題為「亨利・詹姆士和追書的樂趣」的文章。此文在解釋人們在一段時間內連續閱讀亨利・詹姆士（Henry James）作品時，提到了追書一詞。同時，阿姆斯壯（Armstrong, 2014）也用這個詞來解釋小說迷在閱讀《分歧者》和《飢餓遊戲》系列等小說時的消費習慣。圖書業也發展出追書的概念：「從歷史上看，小說類書籍通常一次發表一章，作為雜誌內容的選輯。這就是所謂的『連載故事』（serial），這個詞與『系列』（series）的關聯並非巧合。海莉耶・碧綺兒・史托（Harriet Beecher Stowe）在《國家時代》（*The National Era*）上以連載故事的形式發表了《湯姆叔叔的小屋》（*Uncle Tom's Cabin*）。湯姆・沃爾夫（Tom Wolfe）在《滾石》雜誌上以同一形式發表了《走夜路的男人》（*The Bonfire of the Vanities*）。今天，如果你坐下來一口氣從頭到尾讀完上述作品，你其實就是在追書。這兩部作品原本的用意是讓讀者在幾週或幾個月的時間裡一次讀完一章」（Kidd, 2018, 230）。電視連續劇的形式也是「大致基於章回書的概念，把一系列故事串成一個宏大敘事」（230）。

在韓漫的世界裡，追漫當然也很常見。正如第一章中所述，從一九六〇年代開始，漫畫房就是人們最早期能享受流行文化的場所之一，許多一九七〇年代的漫畫迷在這裡狂追了好幾部漫畫。我小時候喜歡在平日的晚餐後看漫畫，週末午餐過後，我會去漫畫房花上幾個小時的時間來看我最喜歡的漫畫。一九七〇和一九八〇年代時，一部作品通常會分成三集。後來長度則擴充到了十集，例如李賢世（Lee Hyun-se）在一九八三年的作品《恐怖的外人球團》（*Alien Baseball Team*），這是有史以來最受歡迎的韓漫之一，在一九八六年時改編為電影，名為《李長鎬的外人球團》（*Lee Jang-ho's Baseball Team*）。當時的大學生聚集在朋友家或公園裡一起看漫畫並非罕見之事。

與文學和早期韓漫的追書／追漫文化，以及電視節目的追劇文化類似，本書中的追漫也是指人們一次花上幾個小時的時間來閱讀條漫系列作品，而不是耐心等待後續章節。條漫很容易追，因為人們可以在平台和智慧型手機上看條漫，而不必像文學作品那樣購買實體書，消費者也不需要去圖書館、書店或漫畫房。

很難定義什麼是追漫。正如傑納（Jenner, 2018, 110）所說的，一次要看多少話才算「追」？這個問題不僅相當「主觀」，而且「很大程度上取決於個人情況」。換句話說，定義「追條漫」這個概念並不容易，因為一話條漫比一集影集還要短得多。無論如何，參與「融合了文化和科技」的追漫行為（Steiner and Xu, 2018, 83）意味著「延長閱讀體驗和對敘事世界的參與，同時強調故事世界而非生活體驗」（Perks, 2015, cited in Castro et al., 2021, 4）。顯而易見地，作為新形態青少年文化的條漫強烈影響了人們的文化消費習慣，數位平台不得不重視這點，他們因此發展出方便追漫的模式。

條漫的免費增值模式與追漫文化

有些條漫平台已經發展出免費增值模式，此模式與追漫密切相關（詳見第二章）。二〇一四年，KakaoPage推出一項名為「等一等就免費」（If You Wait, It Will Be Free）的收費服務。[1] KakaoPage首頁的解釋是：「一種享受KakaoPage獨有內容的特殊方式。如果您耐心等待，就能免費收看二千三百多部作品。」然而這項服務針對的目標並不是免費使用者，而是付費使用者。「等一等就免費」是KakaoPage的核心商業模式。使用者可以訂閱條漫，並在等待一段特定的時間後免費閱讀一話。KakaoPage讓每位使用者都能輕鬆閱讀作品。這個模式允許使用者在等待十二或二十四小時後免費閱讀線上漫畫，在韓國已是人們廣為接受的模式。而許多喜愛數位文化的讀者等不了太久。事實上，條漫付費讀者的比例已從二〇一五年的一六．三％增加到二〇一七年的三六．八％（Lim, H. W., 2018）。如果讀者不想付費，就需要等待才能看到內容。這意味著人們會持續造訪條漫入口網站，導致流量增加，這也對數位平台有幫助。Naver Webtoon推出了一項類似的服務，名為「只有你才免費」（It's Free for Only You）。

這種新的商業模式非常適合千禧世代和Z世代，因為他們不習慣為了文化內容而等待。和Netflix的狀況一樣，只要觀眾喜歡某一部影集，他們常會連續收看好幾集：「Netflix也在原創內容大戰中獲勝，他們製作的節目具有電影般的趣味性、複雜的敘事、引人入勝的角色，以及足夠吊人胃口的情節，讓觀眾一集又一集、一季又一季地追下去。結果愈來愈多的Netflix觀眾狂追《勁爆女子監獄》、《紙牌屋》或《發展受阻》，這對未來的電視製作和推廣來說都具有新的意義。大眾愈來愈偏好連續播放、無廣告的電視節目，這影響了現有節目新一季作品和即將播出的影集在編劇和行銷上的策略」（Matrix, 2014, 130–131）。

如今，文化內容的觀眾（從千禧世代到Z世代，其中許多人都是科技宅）「期待他們隨時都能收看每部節目的每一集」。他們不知道曾經存在過一個必須為了某節目而等待的世界（Stelter, 2013）。Netflix、Amazon和其他影音串流服務現在正為了兒童節目領域激烈競爭（Stelter, 2013）。

免費增值模式的出現助長了人們追漫的習慣，而科技的突破則創造出新的青少年文化。正如卡斯卓等人（Castro et al., 2019, 2）所指出的，「科技改變了人們消費電視內容的方式，讓他們能夠根據時間、內容、位置和使用的裝置自行安排觀賞。Netflix、Amazon Video和Hulu等網路流通電視服務（Internet-distributed TV services）蔚為風潮，再加上片商製作出更複雜的故事，讓特定的觀賞模式——所謂的追劇——開始盛行。」

數位平台的收入因為這些商業模式而急遽增加了。舉例而言，在引進這些模式之前，KakaoPage的年收入並不可觀，但隨著新的商業模式的出現，他們的年收入持續飆升，正如第二章所述。雖然還有其他商業模式，但KakaoPage是從引進免費增值模式後才快速成長，因此我們可以說這是條漫平台最重要和最成功的商業模式之一（Lim, H. W., 2018; Kakao, 2020）。條漫和網路小說的商業結構提供了一種能截斷停頓、截斷刻意營造的等待期間的方式（Evans, 2016）。數位平台的免費增值商業模式大大促進了青少年與青年社群中追漫文化的成長。部分受到數位平台影響（就像Netflix的案例一樣），人們愈來愈多透過追漫／追劇來享受文化內容，而條漫平台也開發出獨特的工具來促使人們追漫。追漫不僅改變了全球年輕人閱讀條漫的方式，也讓漫畫產業經濟學出現改變。

按照主題和類別追漫

除了推出免費增值模式外，Naver和Kakao等條漫平台還結合了類似主題和類別的條漫來促使人們追漫。條漫平台根據主題和類別把條漫分類，讓讀者可以在有限的空間時間裡追好幾部不同的條漫。例如，Naver Webtoon 打造了一個名為「按主題追漫」的區塊，吸引了許多條漫粉絲（Naver Webtoon, 2020b）。截至二〇二一年二月九日，該區塊包含二十七個主題，包括黑人創作者、太空之旅、女強人、高中、美少年、意料之外的愛情故事。一旦人們點進上述區塊，他們就會發現許多已連載完結的知名條漫。例如，愛情故事的區塊裡有二十部作品，因此愛情故事迷（包括這些作品發表時並沒有看的人）就能一併閱讀這些作品。

隨著時間的過去，平台上最主要的主題也有所改變。二〇二〇年六月，「超自然」的區塊裡有《崛起的亡靈》（*Rise from Ashes*）、《四月花開》（*April Flowers*）、《噤聲》（*Muted*）等十二部條漫（總共有四千四百二十萬個讚）。在「美少年」的區塊中則有十二部作品（一億一千四百四十萬個讚），包括《轉換迷失》（*Lost in Transition*）、《冬之森》（*Winter Woods*）和《女神降臨》（*True Beauty*）。高中的區塊則有十八部作品（八千七百二十萬個讚），例如《美人魚游泳課》（*Swimming Lessons for a Mermaid*）、《樂音喧囂》（*Brass & Sass*）和《不同凡響》（*unOrdinary*）。Naver平台還製作了這樣一段推廣追漫的短片：「當你想起星期一放假的時候，就是狂追漫不睡覺的時候」（Naver Webtoon, 2021）。

由於近年盛行的追漫文化（隨著韓國與國外的條漫和媒體通路發展而興起），許多國家的社群媒體成為了條漫迷分享追漫體驗的地方。大眾媒體常將追漫作為一種新的數位文化來報導。例如，《韓國日報》（*Korea Daily*, 2017）在二年五月列出了「七部值得一追的翻譯韓國條漫」。其中包括了七部知名的條漫作品：《奶酪陷阱》（愛情／戲劇類）、《神之塔》（*Tower of God*，奇幻／動作類）、《我的巨型宅男友》（*My Giant Nerd Boyfriend*，日常生活類）、《我們兩人》（*Something about Us*，愛情類）、《潘朵拉的選擇》（*Pandora's Choice*，劇情類）、《他是女高中生》（*He Is a High School Girl*，喜劇類）、《哈囉！地球人！》（*Greetings! Earthling!*，喜劇／愛情類）。《韓民族新聞》（*Hankyoreh Shinmun*, 2016）也推薦了一些人們可以在中秋節假期間狂追的條漫。文章裡說，人們在國定假日時的追漫量會增加，並向報紙讀者推薦了三部著名的條漫。有鑑於追劇和追漫的相似性，有些媒體文章也同時介紹了幾部美劇，如《權力遊戲》（二〇一一至二〇一九），介紹了條漫平台上連載完結的條漫，如《錐子》（*Awl*，二〇一三至二〇一七），還介紹可以在國定假日期間追的小說（Weekly DongA, 2017）。

Netflix在COVID–19時代（尤其是在二〇二〇至二〇二一年這段許多人不得不留在家裡工作的期間）成為更重要的娛樂中心，而條漫也愈來愈常被媒體推薦為人們可以在家享受的文化新形式。MTV新聞（MTV News）推薦了《女神降臨》、《神之塔》、《奶酪陷阱》等十六部圖像小說和條漫讓讀者可以狂追。文章中提到：「在這個保持社交距離、繼續自我隔離的未知時期，許多人都利用這段時間去嘗試新事物，有人參考了我們的Netflix待看清單，也有人拿起了一直沒機會讀的那本書。我們在此也想推薦多采多姿的圖像小說」（Vincent, 2020）。

全球條漫迷的追漫文化也反映在Reddit和Quora等社群媒體上。Reddit是一個美國網站，人們聚集在此社交、評價網路內容並做出討論。在「狂追條漫」這個板上，有許多評論和建議都提到追漫一事。正如希姆等人（A. G. Shim et al., 2020, 834）所指出的，「今日數位媒體領域的粉絲行為（包括透過無償翻譯和使用者評論），積極參與各種形式的媒體和流行文化，從而令人對使用者創造的內容產生一定程度的信任，人們生產、分享和消費這些內容。」條漫迷喜歡在包括Reddit在內的各種線上社群中，分享他們的經驗和意見。網站上有篇文問：「有什麼值得一追的條漫嗎？我喜歡畫風漂亮、角色能引起共鳴的作品……話數很多的也不錯……？」有很多人回答這個問題，其中一個說：「《漢娜的日子》（*Days of Hana*）、《小狼人路姆尼》（*Lumine*）、《甜蜜家園》、《四月花開》和《吾心所嚮》（*I Love Yoo*）是我最喜歡追的條漫。《這樣的愛情》（*Freaking Romance*）、《SAVE ME》和《女神降臨》也很不錯，但話數還不夠多。如果你喜歡BL／GL的東西，我推薦《鬼幻之光》（*Ghost Lights*）、《噤聲》和《永遠是人類》（*Always Human*）。另一個回應是：「當然是奶酪陷阱。如果你看過這部條漫（之前很爛）而且感到失望，別擔心！作者做出了一些調整，現在愈來愈好看了！這部是我最喜歡的。」[2] Reddit上的這些評論清楚表明，追漫文化已經相當盛行，條漫迷經常彼此分享作品名稱和閱讀體驗。

在Reddit另一篇二〇二〇年四月發表的文中，有位成員表示：「我想來追BL作品。我很無聊，追完了《繼承人的遊戲》（*Heir's Game*）。現在很想看同志故事，幫幫我吧。」這邊文立即出現了十多則回應，其中包括：

> 嗯，我希望我分享的不是你已經看過的內容😅
>
> Castle Swimmer：劇情很棒、引人入勝，角色也很有趣。唯美風BL🐬不過先提醒

你：感情戲並不是這部條漫的重點，所以如果您正在尋找BL賣點的作品，那麼這部可能不適合你。

Stasis：漂亮，嗯，畫風真的很漂亮👏這是我最喜歡的BL條漫之一。故事真的很棒，角色也不錯。BL絕對是故事的一部分，但不是賣點。如果你想追一部劇情精彩的故事，順帶來點感情戲的話，那很推薦這部:)

Say the Right Thing：畫風很棒，故事情節很可愛。溫馨、浪漫、奇幻和緊張😱很好看！[3]

與此同時，二〇一九年十二月五日在Quora（一個網路使用者可以提問、回答、關注和編輯問題的美國網站）上有人問：「您推薦哪些值得一追的條漫？」有很多人回覆。其中一則回覆（截至二〇二〇年六月二日已有超過二百五十人按讚）是：

《不同凡響》很值得看。

情節、人物和微妙的意識形態衝突確實讓觀眾眼睛一亮。

不只我，納森·史丹迪和麥可·阿基諾也都有看！其實我和麥可第一次見面的時候就因為《不同凡響》而結下不解之緣！

納森在短短幾天內一口氣追完了《不同凡響》！他看完之後，我們就自己弄了一個叫《不同凡響》的板來討論這部！

盡情追漫，趕快加入我們，來點有趣的討論吧！[4]

Naver Webtoon有一個粉絲社群，條漫迷可以在社群媒體（包括Facebook和Twitter）上關注條漫創作者，替他們喜歡的章節按讚、發表評論，並以其他方式評價他們的作品。條漫粉絲會彼此推薦分享值得追的條漫。每當有人發表這種推薦條漫的新文章，都會有好幾百個Facebook使用者點閱或分享資訊。這些網站的高人氣證明了追漫文化已經變得相當普遍，許多條漫粉絲會參與討論並分享他們對該主題的想法和意見。

傳統媒體和社群媒體都指出，在條漫的世界裡，追漫已成了非常流行的事。由免費增值模式和數位平台的條漫合輯所推動的追漫行為，大大促進了這種新文化消費。與習慣等待文化內容出現的舊世代不同，千禧世代和Z世代的成員有消費流行文化的新方式：他們會追劇或追漫。根據一項調查（*YPulse*, 2019），追劇無疑是年輕消費者收看電視節目的首選方式：一三至三十七歲的人中有五六%寧願一次追完整個影集，也不願意每週收看一集。Z世代中有許多人根本不記得這個世界曾經不存在串流媒體服務，他們的這種偏好甚至更強烈，有六五%的人選擇一口氣把劇追完。毫不意外地，串流服務是他們收看影音內容的首選，遠遠超過電視。例如，KakaoPage選擇性地使用免費增值模式並應用於他們預計會受歡迎的條漫作品，從而創造出最大利潤（Lim, H.W., 2018）。千禧世代和Z世代有看似無限制的影片可以收看，所以如果電視播出的時間對他們來說不方便的話，他們也沒必要特地在安排播出的時間收看（Seemiller and Grace, 2019）。

有趣的是，追漫讓文化消費變得更加個人化（personalization）。個人化是如此多全球年輕人和文化消費者受到數位平台吸引的原因。正如迪克等人（van Dijck, 2018, 42）所指出的，「客製化和個人化對身為消費者和公民的使用者加以賦權，讓他們能夠快速找到最具吸引力的優惠和感興趣的資訊。」個人化是數位平台用來獲利的主要商業策略，也是青少年文化的重要面向，如今主要由數位平台驅動。事實上，旗下有條漫平台的數位平台為了條漫消費，開發出了可供追漫的模式。讀者因此能夠在自己喜愛的特定文化領域體驗到個人化的消費。在人們享受著由條漫平台所安排的不同類別條漫時，在這個被認為是大多數人都喜歡的流行文化媒介上，再也沒有什麼是占主導地位了。

批評家指出了幾個追漫的可能風險，包括罹患重大疾病的風險增加、成癮、反社會行為，以及浪費太多時間（Stone, 2022）。全球青少年「脫離了社會和傳統」，因為他們的注意力如今放在作為全球科技象徵的智慧型手機，其所能提供的個人世界和解放（Yoon, K., 2003, 340）。用智慧型手機追劇、追漫既是急躁特質的個人化表現（尤其是青少年），也是他們對於新數位文化的挪用。消費者在閱讀條漫、網路小說、觀看節目時更進一步經歷了個人化體驗。文化消費的個人化意味著人們的消費是個別行為。這也顯示出，包括OTT和條漫平台在內的數位平台可以將人們的消費習慣個人化以追求最大利潤。

批判性理解：條漫世界裡的零食文化與追漫文化

有兩種最重要的流行文化形式正逐漸成為數位文化的一部分，那就是由條漫平台和智慧型手機所驅動的零食文化和追漫文化。零食文化和追漫文化之間有些差異，但研究流行文化中當代觀賞行為的專家，把重點放在「設計」如何帶領我們走到這裡，以及數位平台控制人們的文化消費習慣所產生的後果（Pitre, 2019）。正如詹金斯（Jenkins, 2006, 2–3）所指出的，媒體匯流的一個主要元素是媒體受眾的遷徙行為，他們可以去任何地方尋找新的娛樂體驗。特別是對於全球年輕人來說，「預先安排時間收看節目可能感覺很過時，是DVR（數位錄放影機）和隨選影片出現前的黑暗年代之遺跡」（Blake and Villareal, 2019）。正如皮特（Pitre, 2019）針對追劇文化所說的，「傳統線性的電視已經被更強調『觀眾選擇』的家庭影片、隨選影片，以及最重要的串流媒體所顛覆，現況如此……Netflix、Hulu、Amazon等企業都針對這些結構（各家介面看起來可能差不多，但各按不同的內部邏輯運作）和建立理想消費流程投入了大量資金，目的是盡可能讓我們不停地收看。」他還指出：「不過，這些做法的根源早於串流媒體的出現。」

Netflix的追劇模式形塑了關乎更廣大的媒體生態系統的收看方式，特別是針對熟悉點擊、按讚和分享的世代。可是很明顯地，串流媒體時代的追劇文化正在改變人們觀賞的方式，人們應該意識到這些改變及其後果（Pitre, 2019）。Netflix與「追劇」一詞有很大關係，該詞指的是消費者連續觀看多集節目（包括影集）而非每週定時觀看的習慣。Netflix甚至創造出該詞的變體：「追劇飆客」（binge racer; Netflix, 2017）。這指的是在節目推出後二十四小時內看完整季節目。在一份新聞稿中，Netflix（2017）自豪的表示，他們改變了世界接觸故事的方式——觀眾可以在任何時間、地點、以他們想要的方式、以任何速度觀賞——並由此誕生了新形態的追劇迷，以飆車速度追劇。根據Netflix指出，有八百四十萬會員選擇飆劇，唯一比他們的速度更快的事情，是飆劇這種行為持續成長的速度。二〇一三至二〇一六年間，系列節目上架當天就看完的人數增加了二十倍以上。

隨著ＯＴＴ平台產業中開始盛行追劇文化，追漫在過去幾年裡也成為閱讀條漫的常態。正如Netflix透過追劇文化來利用人們的觀看時間一樣，韓國數位平台（包括Naver和

Kakao）也透過追漫文化來從人們的休閒時間中獲利。

二〇〇〇年代初，條漫發展成一種在短時間內享受的零食文化形式。然而，追漫這件事已經從零食文化轉變為更嚴肅、更悠長的追漫文化。雖然零食文化和追漫文化這兩種消費形式不一樣，但其背後的企業動機是相似的：即粉絲資本化和壟斷休閒時間。隨著數位平台使用新的獲利策略，追漫文化已高度商業化。數位文化的商業化對於條漫平台的財務策略影響重大。這種商業化有個特徵是人們消費習慣的改變——從最初與零食文化結合的免費閱讀，演變成花錢閱讀的追漫文化——以及條漫平台如何利用條漫文化中的時間因素。條漫的流行顯示出媒體和文化研究學者需要考量到急躁特質在社會、文化和政治方面的廣泛影響，以及文化產業如何「利用這種急躁並從中獲利」（Evans, 2016, 577）。

最重要的是，人們的空閒時間——包括過去主要花在與家人和朋友互動上的國定假日——現在逐漸被條漫平台占據，成為平台所有者的利潤來源。發展出追漫模式後，條漫平台影響了人們使用時間和金錢的方式。這種影響直接符合當代的新自由資本主義。這些平台繼續開發出新的追漫方式，以利用追漫文化獲利（Pramaggiore, 2015）。正如伊凡斯（Evans, 2016, 574）所言，「雖然在某種程度上，免費增值的運作方式反映著舊的媒體形式和消費者商品所使用的科技，但它們的設計也利用了新型數位文化的特徵來獲利。具體而言，它們令人清楚看見數位文化作為開放存取和日益商業化之物之間的二分。免費增值的遊戲無需立即付費即可遊玩，此事實呼應了開放存取的概念及其對更為資本主義的思維之抵抗。」同樣地，條漫的匯流、看似開源（open-source）的概念，以及以時間為基礎的獲利策略，正逐漸成為條漫市場的基本精神，而且在休閒遊戲和OTT平台中也可以看到類似的匯流（Evans, 2016, 578）。身為規模最大的新興數位文化之一的條漫文化，已成為當代資本主義獲取可觀利潤的來源。雖然全球青少年在取用條漫時展現出獨特的特徵，但條漫同時也是有利可圖的數位文化，可被視為當代文化資本主義的象徵。

結論

條漫已是全球青少年文化的一種主要獨特形式，本章批判討論了與條漫相關的數位文化。條漫大大改變了韓漫產業，在更廣泛的意義上也改變了文化產業和青少年文化。我們探討了數位平台和智慧型手機等數位科技的興起，如何影響了數位青少年文化的轉變。條漫是承載網路與漫畫之意的新詞，與數位科技直接相關。條漫作為Web 2.0的一部分，代表著參與、分享和連結。條漫與智慧型手機有直接連結，是許多人使用智慧型手機所接觸到的第一個也是最大的流行文化。

一方面，條漫協助傳播零食文化，許多人在點開數位平台創建的條漫應用程式時，每次都會花個幾分鐘閱讀條漫。然而，條漫作品往往會在多年的連載歲月裡，發展成為非常錯綜複雜的長篇作品。所以諷刺的是，雖然條漫代表了零食文化，但作為完結或部分完結的整體，它們可與長篇書籍和韓漫作品相媲美——這讓條漫成為追漫文化最重要的形式之一。所以，有不少大螢幕文化創作者將條漫改編為大螢幕文化作品。

另一方面，條漫平台推出免費增值商業模式，也集結類似的類別和主題供讀者欣賞，發展出追漫文化。這兩種形式的追漫文化都由條漫平台所推動，他們策略性地創造出這兩種形式以吸引人們進入條漫的世界，藉此創造出最大利潤。具體而言，免費增值模式已被用來鼓勵人們追漫，條漫平台以此作為他們主要的獲利策略。知名的條漫作品也會被印成直式版面的實體漫畫，所以人們可以在假日或度假時追完整部條漫作品。與前幾代人不同，千禧世代和Z世代成員在閱讀條漫時，能自行安排他們的消費習慣。透過免費增值模式，他們可以選擇付費繼續閱讀條漫，而非等待下一話免費發布，他們也能在有限的空閒時間裡快速看完條漫。條漫領域中的追漫文化持續成長，因為許多消費者願意付費搶先閱讀下一話。追漫是數位科技和文化的混合體，「它挑戰了從製作方單方面向觀眾播送的傳統權力動態」（Steiner, 2017, 147）。

不過，免費增值商業模式和追漫模式主要是數位平台資本化策略所產生的結果。這兩種商業模式大大改變了人們的消費習慣。尤其是年輕人等待作品更新的能力下降，而這些平台利用了年輕人的文化消費習慣來從文化內容中獲利。這使得條漫的主要特徵從零食文化的自由客體轉變為文化經濟的主體。條漫發展出多種形式的青少年文化，對二十一世紀資本主義文化經濟中的條漫迷和條漫平台，都產生了巨大的影響。

4

條漫在大螢幕文化中的跨媒體故事講述

隨著條漫迅速成為各年齡層讀者（特別是青少年和青年）喜愛的文化內容之一，電視製作人和電影導演等文化創作者已開始關注條漫作為文化製作的原始素材。正如上一章所討論的那樣，條漫已經發展出零食文化。但也有些條漫是由很多話故事組成，能夠描繪出韓國社會一些重要的社會文化面向。在二十一世紀初，韓國文化產業面臨了新創意的匱乏，有許多改編自日本漫畫的電影和電視劇出現，但在韓國文化市場裡也常未獲成功。不過近年來，有愈來愈多的韓國電影、電視劇和數位遊戲產業裡的文化創作者，轉而使用條漫開發出一種新型的文化（Jin, D. Y., 2019a; Pyo, Jang, and Yoon, 2019）。[1]

電視製作人和電影導演將條漫引進大螢幕文化，帶來了更多創意上的可能性，因為他們能利用條漫中出現的許多原創想法、粉絲基礎，以及觀眾熟悉的故事情節。此外，條漫通常透過數位平台傳播，對電影或電視製作者來說，作為原始故事的版權費用相對於其他來源（包括小說）要低得多（Song, Y. S., 2012）。條漫故事通常設計縝密、結構合理，因此比較容易改編為電影或戲劇。

本章將探討條漫如何成為跨媒體故事講述的主要原始素材。我將討論近年來這種零食文化愈來愈多地被轉換為大螢幕文化的原因。我會分析一些典型案例，以探討文化創作者在將條漫改編為大螢幕作品時，如何修改或擴充原始故事，包括《未生》、《梨泰院Class》、《奶酪陷阱》、《與神同行》（*Along with the Gods: The Two Worlds*）、《與神同行：最終審判》（*Along with the Gods: The Last 49 Days*）。這些都是人氣條漫改編為成功大螢幕內容的例子。然後，我將討論以條漫為基礎的跨媒體故事講述（這是當代娛樂產業的重要元素之一）是否已改變了媒體生態系？

條漫作為跨媒體故事講述的新常態

有幾個特點能解釋條漫如何成為跨媒體故事講述的原始素材：類型和主題多樣化、深受韓國年輕族群喜愛，廣播電視的進步，以及條漫針對智慧型手機所做的改良。正如詹金斯（Jenkins, 2011）所說：「跨媒體故事講述代表著一個過程，在這個過程中，虛構作品的重要元素會系統地分散到多個媒介管道中，以創造出統一和協調的娛樂體驗。」

條漫創作者和條漫平台利用跨媒體故事講述策略來使利潤最大化，同時推廣新的青少年文化。

韓國條漫主要因其多樣性而吸引了大螢幕文化創作者，以及各有不同偏好的條漫迷。正如第一章中所討論的，條漫跟隨著韓國社會重大的社會文化變革，而推出各種風格類別和主題。起初多為愛情故事，此後則不斷發展，其類別如今包括ＢＬ、驚悚、奇幻、科幻和懸疑等。今天，無論是愛情故事、純情類或驚悚風格的條漫，都探討了深深根植於人們日常生活中的社會文化問題。當電視製作人和電影導演無法從其他文化素材中找到好的情節時，條漫自然吸引了他們的注意力（Song, C. R., 2014），這很大程度上是因為條漫的題材和主題多樣、大膽、有趣。作為大螢幕文化素材的條漫大大改變了韓國當代電視節目和電影主要的題材和類型。大螢幕文化如今出現了殭屍、冒險、ＢＬ和其他以前不存在的類型，因為韓國人早已透過條漫接觸到這些類型並對其產生興趣。

條漫的故事通常比早期的韓漫更精巧。自二〇〇〇年代末以來，條漫創作者已經發展出長篇故事，遠遠超出了由幾個鏡頭組成的單話故事。這些長篇故事需要各種結構、衝突、和諧和獨特的主題。某些方面來說，條漫仍然像是一種文化小點心，在於讀者通常是週期性地閱讀條漫。這是因為條漫創作者將他們的作品分段發表，而不像小說那樣在出版後能夠一次讀完（Jin, D. Y., 2019a）。近年來，許多條漫的長度已經擴展到足以被稱為史詩級長篇作品，這使它們成為大螢幕內容的可靠來源。[2] 關於這點，祖爾（Zur, 2016, 203）指出，「條漫是一種講故事的機制，可以捕捉到複雜的現實和角色心理狀態，卻不必致力於經營一條特定的敘述聲線。即便只有很少的文字，條漫也能透過能具聯想性的畫面讓我們了解各個角色的內在狀態」。

另一個使得條漫成為跨媒體故事講述熱門素材的主要原因是其粉絲基礎。作為韓國文化產業的最新文化形式之一，熱門條漫吸引了許許多多的讀者，他們往往成為特定條漫和漫畫家的粉絲。在二十一世紀，有些熱門的條漫已獲得了幾百萬的觀看數。條漫粉絲不僅活躍，也會彼此互動。當他們閱讀條漫時，常會在社群媒體上發表自己的意見，分享劇情，並向新使用者推薦條漫作品。他們透過包括社群媒體在內的許多機制來表達自己的偏好和要求。在某些情況下（例如ＢＬ），這些粉絲活動最終說服了條漫創作者開發出新的類型（Hwang, 2018）。當電視製作人和電影導演將這些條漫改編成大螢幕文化時，他們也能吸引這些粉絲成為大螢幕觀眾。最近一例是二〇二一年三月，tvN頻道開始播出《如蝶翩翩》（*Navillera: Like a Butterfly*）這部改編自同名條漫的電視劇，該劇講述了一名退休郵差在七十歲時實現了成為芭蕾舞者的多年夢想。這個節目立即吸引了一大批熱愛條漫原作的粉絲觀眾。《如蝶翩翩》於二〇一六年開始連載，截至二〇二一年三月已有超過八千八百萬的點擊量（No, J.W., 2021）。顯然，該劇的主要優勢之一就是其條漫粉絲基礎。

有趣的是，在韓國年輕人之中日漸普遍的所謂「失敗者症候群」（Loser syndrome）也導致了條漫人氣的上升，從而增加了其跨媒體性。許多韓國年輕人的日子過得很辛苦，感覺自己是社會中的失敗者。這樣的年輕人常對古怪或人生失敗的條漫角色產生同理心。二〇一〇年代末，全球樂迷熱烈擁抱BTS的歌曲，背後有部分原因是因為他們的歌詞對於對韓國落後的教育制度、社會不公和政治貪腐等主題做出社會評論，同樣地，與韓國辛苦的年輕人有相同經歷的全球青年，也容易受韓國條漫吸引（Herman, 2018）。[3]

然而在韓國社會中，「失敗者」一詞非常複雜，可以分成一些不同的類型。首先，許多千禧世代和Z世代的人經歷了各種社會經濟上的困難，如就業機會不足、房價飆升、公司升遷機會減少，以及錢不夠用，這些綜合因素讓他們的生活非常不容易。過去十年裡，許多大學畢業生沒能找到體面的工作，多年來只能做以日計的兼職工作。二十世代韓國年輕人的失業率從二〇一三年的九・三％增加到二〇一八年的一〇・五％，而二〇一八年美國和日本的失業率分別為八・六％和三・六％（Kim, I.W., 2019）。因此，他們常常覺得自己未來無法結婚，也無法擁有自己的房子。[4] 許多感覺自己是失敗者的年輕人都會消費輕鬆幽默的娛樂內容。由於條漫是千禧世代和Z世代消費漫畫的一種新方式，因此自然而然可以看到條漫創作者在作品中，探討許多年輕人感同身受的失敗者主題。條漫創作者留意到這樣的困境，所以常在條漫中創作出辛苦生活的角色。

與失敗者症候群有關的條漫之中，典型的作品之一是尹胎鎬的《未生》。《未生》最初是在二〇一二年一月至二〇一三年七月間發表在Daum Webtoon上，作品獲得了巨大的成功。尹胎鎬又在KakaoPage上發表了《未生II》（*Misaeng: Part II*），該作從二〇一五年十一月連載至二〇一八年五月，但他因為創作新的條漫作品《魚鱗》（*Eorin*，於二〇二〇年發表）而延遲完成該系列。《未生》的成功讓它被改編成許多文化形式，包括電視劇、電影和音樂劇。

在電影《未生》中，張克萊（由任時完飾演）自小就熱愛圍棋，但未能成為職業圍棋選手。退伍後他步入職場，而非追尋他多年的夢想。因為熟人的推薦，張克萊成為貿易公司「全國際」的實習生。這部條漫描繪出他在實習生活中困難且殘酷的生存方式：公司的正職員工常把實習生當成傭人。此外，公司在國定假日公司裡送禮物給員工的時候，他們會發給正式員工和臨時員工（包括實習生）不同的禮物。

《未生》的主角正是這位左支右絀的實習生，以及他不愉快的辦公室生活。許多二十多歲做兼職或打零工的人都能同理主角和其他正與辦公室生活奮鬥的上班族。這部條漫描繪出那些對未來惶惶不安的人，故吸引了許多上班族或求職中的讀者。含有這類失敗者角色的條漫為那些同情角色的年輕人，提供了一個暫時逃避嚴酷現實的空間。

其次，這種失敗者症候群與所謂的「白痴笑點」——意即愚蠢但詼諧的笑話——有關。由李末年（Lee Mal-nyeon）所創作的條漫《李末年系列》（*Lee Mal-nyeon Series*）即為白痴笑點的經典作品（Jin, D. Y., 2019a）。在大多數情況下，規畫良好的情節會有開場、發展、情節轉折和結論。然而，李末年的條漫則是開場、發展、情節轉折和白痴笑點。最後一步可能會導致整個故事成為一場災難，但也可能賦予故事獨特的魅力（Sora's Webtoon World, 2012）。例如，在四格條漫的第一格中，有位老先生在家裡的電腦前工作，但他感到很睏。在第二格裡，他決定去星八克（一家仿冒美國星巴克的咖啡店），他表示：「我快睡著了，我得喝點咖啡。」接下來，他點了咖啡，服務員說：「總共四千三百韓元（約四美元）。」第四格也是最後一格裡，老先生因為聽到這高昂的價格而發抖，然後從夢中醒來。他難以相信咖啡竟然能這麼貴。這是十年前創作的條漫，在當時，美國一杯咖啡的價格大約是兩美元。李末年具嘲諷意味的評論經常來自於韓國年輕人或網路流行語。在二〇〇〇年代中期，他首次推出了一種名為「病態品味」（byeong-mat，韓文原文意為「一種幼稚愚蠢的幽默」）的新式文化內容，是一種人們可以輕鬆瀏覽的短篇搞笑條漫，後來變得非常受歡迎（摘自Do, D. W., 2015）。[5]

據韓國延世大學學生報《延世紀事》（*Yonsei Annals*; Kwon, D.I., 2020）指出，一九九〇年代出生的這代人的主要特點之一是喜歡低俗幽默。這種低俗幽默在韓國隨處可見，從重新配音的電影片段到主題廣告比比皆是。該報紙指出，這種消費習慣可能與韓國年輕人偏愛真實的幽默情境和使用YouTube有關。低俗幽默的YouTube頻道與代表老派幽默的KBS（韓國廣播公司）喜劇節目《搞笑演唱會》（*Gag Concert*）形成對比。二十多年來，《搞笑演唱會》一直是韓國最有趣、最受歡迎的搞笑幽默節目之一，在其巔峰時期吸引了超過三〇%的觀眾。然而，其收視率在二〇二〇年暴跌至二%，而低俗幽默則成為了觀眾新寵。該節目於當年六月停播（*DongA Ilbo*, 2020; Kwon, D. I., 2020）。《搞笑演唱會》收視率下降的部分原因是由於現在的年輕人——此類惡作劇節目的主要觀眾——更喜歡觀看各種更跟得上潮流且審查寬鬆的YouTube頻道。《搞笑演唱會》按劇本演出，而且會有好幾集重複使用相同的橋段和口頭禪。相較之下，Wassup Man和Work Man所經營的「病態品味」YouTube頻道相當受歡迎，它們更真實、對觀眾的建議更開放，也會設計出不同的橋段（Kwon, D. I., 2020）。

李末年曾出現在「我的小小電視」（My Little Television）這個個人網路廣播平台上，該平台類似AfreecaTV（一種使用點對點（peer-to-peer）技術的串流媒體服務）和Twitch.tv（實況主彼此競爭以獲得觀眾的即時回應）。發表不按牌理出牌的新鮮言論的同時，他也推出了網路漫畫節目，每天邀請不同來賓參與。有他在的每一集節目都會刷新收視紀錄（Park, J. H., 2016）。其他條漫創作者──包括旗安84〔因其條漫《時尚天王》（*P'aesye-on Wang*）而成名，該作於二〇一一至二〇一三年間發表，二〇一四年被改編成同名電影〕──經常出現在綜藝節目中。二〇二〇年七月，以虛構條漫製作公司Mytoon為主題的KBS2電視台電視劇《他就是那傢伙》（*Ge-unomi Ge-unomida*）開播，兩位著名的條漫作家李末年和周浩旻（分別飾演「李作家」和「朱作家」）以Mytoon的虛構條漫作家角色登場。高人氣條漫作品和高人氣條漫創作者都擁有龐大的粉絲群，這對大銀幕文化創作者來說非常具有吸引力。

最後但同樣重要的，條漫《失敗者的歷史》（*The History of Jji-jil*）中也出現了失敗者症候群的主題。「失敗者」是最接近韓文「jji-jil」一詞的翻譯：此詞為貶義詞語，用來指粗魯、愚蠢、遲鈍的人，另一個意義接近的詞是「白痴」（me-oje-ori）。舉例來說，這部愛情故事條漫《失敗者的歷史》〔由金彭（Kim Pung）創作，沈勳秀（Shim Yoon-su）繪圖〕於二〇一三至二〇一七年間在Naver Webtoon上發表。第二十六話中可以看到該作品中一個典型的白痴時刻，男主角閔基是一個粗魯而遲鈍的人（Jji-jil）。閔基在和女友順和大吵一架後想要向她道歉。在某一幕裡，他甚至下跪展現自己真誠的歉意。兩人最終在下一幕裡擁抱彼此，象徵著他們和好了，之後閔基突然說：「順便跟你說，順和，我真的、真的很抱歉，這是我的錯。不過，你知道自己也有錯吧？」。許多條漫坦率描寫出這種不受歡迎的人格特質，吸引了許多年輕讀者。條漫廣泛描繪出各種角度的失敗者形象，引起了其他文化創作者的注意。

條漫也提供了視覺腳本，讓其他文化創作者能夠輕鬆想像可以改編的故事情節。一旦電影或電視劇的劇本創作完成，創作者就會畫出所謂的分鏡劇本（Continuity，簡稱Conti），這指的是電影或劇集開拍之前的視覺腳本。條漫本身已經是漫畫風格的文本和畫面，這使得文化創作者很容易想像出他們可以如何改編內容（Chun, S. W., 2017）。正如《未生》製作人李在紋（Lee Jae Moon）所說：「條漫對於內容製作者來說是很好的資源，因為原始訊息和話數都很充足，我們很容易加上戲劇效果。」（摘自Lee, J. Y., 2015）。換句話說，條漫的視覺畫面和設計精良的文本都很吸引人，這些特點讓許多文化創作者能夠輕鬆將它們改編為電影和戲劇。

於此同時，電視頻道的發展也推動了以條漫為基礎的跨媒體敘事。自一九九〇年代中期以來，韓國發展出包括有線和衛星頻道在內的許多新頻道，導致韓國廣播電視節目激增。例如在二〇一一年，韓國政府允許新的普通有線電視頻道（包括JTBC、朝鮮電視、Channel A和MBN）開始播出。這些頻道背後的業主是韓國的大型報社，並用與現有三家無線廣播電視公司（KBS，MBC（文化放送公司）和SBS（首爾廣播電視台）」類似的方式推出各種節目。不只是tvN和OCN等以戲劇為重點的娛樂頻道，其他新頻道也投入大量資金來開發戲劇和娛樂節目（如實境秀），並且經常使用條漫作為文化生產的新素材來取代其他曾經可靠的素材。當然，Netflix近年來不僅以經銷商的身分，也以為在地文化內容生產商的身分參與其中，對以條漫為基礎的跨媒體故事講述影響深遠，現在有許多條漫平台都必須考慮到作品被改編為文化產品，在Netflix上發表的可能性。媒體生態的快速轉變讓人們更期待播映商能和數位平台合作，推動基於條漫的跨媒體故事講述，推展新興媒體生態和文化的重要面向。在韓國本地的脈絡中，以條漫為基礎的跨媒體故事講述於近期的成長，「顯示出敘事的高超適應性和靈活性，以及其與媒體的複雜關係」（Park, H. S., 2021, 55）。它還與社會文化、科技、結構和經濟因素密切相關，這些因素大大推動了這種新形式的跨媒體故事講述。

韓劇中的條漫跨媒體故事講述：《梨泰院Class》

由條漫改編而成的戲劇作品到處都是。只要瀏覽韓國的電視頻道，就可以發現有許多改編自條漫的電視劇。從二〇一〇年代初開始，改編自條漫的電視劇數量不斷增加。其中一些——例如《未生》（二〇一四）、《夜行書生》（*Scholar Who Walks the Night*，二〇一五）、《奶酪陷阱》（二〇一六）和《我的ＩＤ是江南美人》（二〇一八）——非常受觀眾歡迎。僅在二〇二〇年上半年，就有多部條漫改編的電視劇播出，包括tvN的《超能警探》（*Memorist*）、KBS的《快過來》（*Welcome*）、JTBC的《梨泰院Class》和《雙甲路邊攤》（*Mystic Pop-up Bar*），以及OCN的《Rugal：無淚交鋒》（*Rugal*）。同一時期，三家無線電視台（KBS、MBC和SBS）、JTBC和tvN的二十四部新劇中，有七部是由條漫改編而成的作品，反映出條漫在電視圈受歡迎程度（Kim, I. G., 2020）。同樣在二〇二〇年，Netflix也播出了一些由條漫改編的韓國電視劇，包括《甜蜜家園》。這表明播映商已經把注意力轉向條漫（表4.1）。由於播映商的主要受眾是韓國青少年和青年，他們主要注意的也是這些年齡層的人感興趣的風格類別，包括奇幻、愛情故事、浪漫喜劇、懸疑和強調社會問題的作品。

在這些最近的戲劇中，《梨泰院Class》是一部高人氣的劇情類條漫改編成的戲劇作品，戲劇也獲得極大成功。《梨泰院Class》條漫由光進（Kwang Jin）所創作，二〇一六年十二月在Daum Webtoon上發表。截至二〇一八年七月，該作品已獲得了超過兩億次的觀看數，是當時觀看數最高的作品之一。該作隨後被改編成付費條漫系列。據KakaoPage表示，《梨泰院Class》是Daum Webtoon最成功的作品之一（Park, J. W., 2020）。

韓劇《梨泰院Class》（共十六集）於二〇二〇年一至三月間在JTBC播出。這是一部非常成功的條漫改編劇，其最高收視率達到了一八%。該作一開始就被認為會非常成功，因為原著故事有著眾多忠實粉絲，這意味著許多條漫迷應該會收看該劇。有鑑於該作是由四家有線電視之一的JTBC播出，而非無線電視頻道，因此它可以被認為是韓國電視廣播史上最成功的戲劇之一。有趣的是，這是電影公司Showbox製作的第一部連續劇，這家電影公司在製作該劇上投資了大約一千二百八十萬美元。由於文化形式之間（例如電影和戲劇之間）的界線逐漸消失，Showbox決定在這部作品中加入類似電影的視覺效果，藉此來進入電視圈。Netflix（最著名、規模最大的OTT服務平台）在《梨泰院Class》開始製作之前，就以八百萬美元的價格購買了此作品的全球播放權，因此《梨泰院Class》的影響力得以觸及全球（Cho, Y. G., 2020）。《梨泰院Class》清楚反映出以條漫為基礎的跨媒體故事講述所造成的媒體生態轉變，這代表條漫和以條漫為基礎的跨媒體性已經從根本上改變了當代的媒體環境。

《梨泰院Class》中的一個主題是復仇，這個主題在各韓國文化類別中都非常普遍。然而，它也清楚描繪出人們在人生中有第二次機會能夠重來，故事中更有一群自認失敗者的年輕人慢慢一起實現他們的夢想。如上所述，失敗者症候群一直是韓國青少年文化的一個特色。正如祖爾（Zur, 2016, 201–202）指出的，「復仇和刑罰在當今韓國的作家和電影製片中仍是一個備受關注的主題……在某種程度上，哲學家同意復仇主義（retributivism）仍具說服力，也符合直覺，即使懲罰本身不會帶來進一步的好處，犯罪

戲劇作品

戲劇名稱	播映商	類別
未生	tvN	劇情
神探佛斯特	OCN	犯罪／驚悚
夜行書生	MBC	歷史／奇幻
初戀向前衝	tvN	劇情／喜劇
看見味道的少女	SBS	犯罪／愛情
奶酪陷阱	tvN	愛情／劇情
鄰家律師趙德浩	KBS2	劇情
好運羅曼史	MBC	愛情
月桂樹西裝店的紳士們	KBS2	劇情
住在我家的男人	KBS2	浪漫喜劇
救救我	OCN	驚悚
付岩洞復仇者們	tvN	劇情
告白夫妻	KBS2	浪漫喜劇
我的ID是江南美人	JTBC	浪漫喜劇
金秘書為何那樣	tvN	浪漫喜劇
先熱情地打掃吧	JTBC	浪漫喜劇
ITEM	MBC	懸疑奇幻
喜歡的話請響鈴	Netflix	愛情
綠豆傳	KBS2	歷史浪漫喜劇
很便宜，千里馬超市	tvN	劇情
梨泰院Class	JTBC	劇情
超能警探	tvN	犯罪懸疑
雙甲路邊攤	JTBC	劇情奇幻
如蝶翩翩	tvN	劇情

資料來源：作者整理。

表 4.1 2014 至 2021 年間一些韓國電視播出的條漫改編

年分	條漫名稱	條漫創作者	條漫平台
2014	未生 神探佛斯特	尹胎鎬 李鍾範	Daum Naver
2015	夜行書生 初戀向前衝 看見味道的少女	趙珠熙 柳賢淑 漫醉	KakaoPage Daum Olleh market
2016	奶酪陷阱 鄰家律師趙德浩 好運羅曼史 月桂樹西裝店的紳士們 住在我家的男人	純kiki Hatchling 金月亮 李鍾圭 柳淑賢	Naver Naver Naver Daum Daum
2017	走出世界 付岩洞復仇者們 再來一次	趙錦山 Sajatokki 洪承杓（Miti）	Daum Daum Naver
2018	我的ID是江南美人 金秘書為何那樣 先熱情地打掃吧？！	淇萌琪 金明美 AENGO	Naver Naver KakaoPage
2019	ITEM 喜歡的話請響鈴 綠豆傳 很便宜，千里馬超市	金正錫與敏炫 千桂英 hyejinyang02 金奎杉	KakaoPage Daum Naver Naver
2020	梨泰院Class 超能警探 雙甲路邊攤	光進 Jaehoo 裴惠秀	Daum Daum Daum
2021	如蝶翩翩	Hun／Jinmin	Daum

者仍應受到同等的懲罰。」然而，《梨泰院Class》巧妙結合了兩個表面看似不相關的主題：復仇和第二次機會。更具體而言，核心故事情節圍繞著朴世路（電視劇中由演員朴敘俊飾演），一個心地善良但性格內向、朋友不多的男孩子，他夢想成為一名警察。在條漫的第一話中，朴世路和他的父親在車上談到朋友的話題，他們正搬家到一個新的城市：

父親：要和朋友們分開，很捨不得吧？

世路：沒關係，我沒有朋友。

父親：你要轉去的那所學校，我們會長的兒子也在那裡念書，名字叫作張根原。要是你能跟他同班就太好了。

世路：我要跟他好好相處嗎？

父親：嗯……如果你們合得來的話。

世路：你不是說他是會長的兒子嗎？我會跟他好好相處的。

第一話中這個短暫的時刻簡潔描繪出整體情節，展現出朴世路的個性、他與父親親近的關係，以及即將到來的他與張根原和長家的衝突。

在前幾話中，善良的朴世路在搬家後第一天的新校園裡，幫助了一位同學不被張根原（在劇中由安普賢飾演）霸凌。如上所述，張根原的父親是長家食品連鎖企業的CEO，而朴世路的父親已在該公司工作二十年。因為朴世路打了張根原並拒絕道歉，最終被開除學籍，而他的父親也遭到解雇。對學校財務有所貢獻的張根原父親想辦法讓朴世路被退學，這在韓國社會是一個典型的場景。更令朴世路痛苦的是，他的父親死於張根原的肇事逃逸，使他成為孤兒。朴世路知道自己父親的死是張根原的錯，又更嚴重地毆打張根原。他被判入獄，想要成為警察的夢想因此破滅。朴世路發誓要透過繼承他父親的夢想——經營食品業——來報復長家。朴世路如今的目標是開一家酒吧，將其拓展成韓國最大的食品企業，同時摧毀長家。最終，他在首爾一個以眾多外國人出沒而聞名的區域——梨泰院——開了一家酒吧。幾個有趣的角色開始和朴世路一起工作，最終都成為了酒吧的助力，這些角色之中包括曾與朴世路一起坐過牢的人，和一位跨性別女廚師（Jung, E. A., 2020）。

在故事中，酒吧裡的工作人員都是個性有些古怪的社會邊緣人。世路是典型銜著「土湯匙」（heuksujeo）出生的人——這詞指的是缺乏富有、有權勢的父母支持而難以維持生計的人。[6] 工作人員包括趙以瑞（金多美飾），一個被同學描述為「反社會」的網紅和社群平台部落客；張根秀（金東希飾），長家CEO的私生子；崔昇權（劉慶秀飾），另一位更生人；馬賢利（李周映飾），跨性別廚師；還有金東尼〔克里斯・萊昂（Chris Lyon）飾〕，一位正在尋找父親的非韓混血外國人（這個角色不存在於條漫原作裡，而是為了反映出梨泰院的多樣性而加入的角色）。

朴世路的酒吧「甜夜酒館」是所有被社會因社會地位、外貌或性取向，而遭受排擠的角色的避風港。在韓國，更生人承受很多歧視，他們經常被排擠，從監獄獲釋後也很難找到工作。LGBTQ議題在保守的韓國社會中不常被討論，性少數群體和跨性別者仍然是隱形人。然而，隨著某些條漫平台上BL類別的普及，LGBTQ的呈現已經有所成長（詳見第一章）。《梨泰院Class》講述了這群失敗者如何獲得第二次機會（Soriano, 2020）。朴世路後來終於成功，這對於許多條漫讀者和戲劇觀眾來說有種洗滌作用。《梨泰院Class》的原作與改編作品，都因其真實呈現了對於高中中輟生的偏見和針對LGBTQ的歧視等主題而備受讚譽。

條漫和以其為基礎的戲劇經常存在明顯的差異，這是因為媒體特色所致。例如，《梨泰院Class》的條漫原作和戲劇作品就存在一些顯著的差異。然而，由於條漫作者也是劇本創作者，《梨泰院Class》的條漫和戲劇作品與其他改編作品相比，同步的程度很高，使得這部劇不至於遭到來自原作條漫迷的嚴厲批評。

與幾年前的情況形成對比的是，如今條漫創作者相當樂意參與以他們的條漫作品為基礎的電視劇和電影製作。不僅出現愈來愈多的機會能將他們的條漫擴展成電影和電視劇，以及Netflix和YouTube上的文化內容，目前的媒體環境也為條漫創作者提供了參與的機會，以確保他們的想法和創意保留在大銀幕文化中（Han, S.B., 2020）。所以，今日以條漫為基礎的電視劇通常與條漫原作非常相似，讓改編作品更有可能獲得成功。

隨著跨媒體故事講述不斷發展，條漫裡也充滿了各種令人上癮的劇情轉折。例如，《梨泰院Class》裡有背叛、謀殺、烹飪比賽、世路和童年時的暗戀對象吳秀娥（權娜拉飾）的發展——吳秀娥在長家擔任高層管理職——以及趙以瑞（她是恃才傲物的年輕天才，具有模糊的反社會傾向）也在甜夜酒館工作。這個故事充滿意料之外的展開、令人開心，同時也令人安心，因為好人持續保持善良，而壞人終會得到應有的懲罰（Jung, E. A., 2020）。

電視劇版本的《梨泰院Class》對條漫原作的情節做出了一些重大的修改。在電視劇的第一集中，朴世路的父親和吳秀娥待過同一間孤兒院，秀娥在認識世路之前，已經和朴世路的父親認識很久了。但在條漫中，吳秀娥是在他們搬進她家隔壁的兩層樓公寓時，才第一次認識這對父子。電視劇改動了吳秀娥的出身背景，這似乎是為了解釋她追求成功的個性：她是一個孤兒，後來成為了一位自尊心相當高的職場女性。朴世路相當害羞而友善，在條漫中，他應該是對秀娥一見鍾情，相較之下，電視劇中的世路一開始很討厭秀娥。在條漫裡，朴爸爸因為兒子在學校打了張根原而遭到公司解雇，之後他開了一家炸雞店。在電視劇中，他則是開了一家酒吧。最後張根原撞死了朴爸的那一幕，條漫中的張根原是騎摩托車，電視劇裡則改為汽車。而證明張根原是肇事兇手的關鍵證據從摩托車上的貼紙變成了汽車的車牌號碼。

此外在條漫裡，朴世路的梨泰院酒吧名為「糖夜」（Kkulbam）。在電視劇裡則名為「甜夜」（Danbam）。不過在電視劇中，甜夜酒館的英文霓虹燈招牌也寫著「糖夜」，這與劇中的韓文酒吧名稱不一致。最後，朴世路和趙以瑞第一次見面的場景也有所不同。在條漫中，兩人是在車禍事故現場第一次相遇。而在電視劇中，他們第一次見面是在第三集，當時趙以瑞被區長太太打了一巴掌。這場景將趙以瑞描繪成一個受害者或失敗者（也展現出她的反社會傾向）。

條漫和電視劇最顯著的差異之一是電視劇有主題曲。當電視製作人把條漫改編成戲劇作品時，他們總是會加入幾首歌曲來吸引觀眾。韓劇有主題曲是常見的事，許多韓劇迷不只喜歡戲劇作品，也喜歡裡頭的音樂。全球韓流迷也很喜歡電視劇主題曲，因為韓流迷通常韓劇和韓國流行音樂兩者都喜歡。舉例而言，二〇一八年在tvN播出的《陽光先生》（*Mr. Sunshine*）中共出現了十五首歌曲，其中許多歌曲都因這部戲劇大獲成功而變得非常流行。同樣地，《梨泰院Class》也有十五首歌曲，包括《開始》（由Gaho演唱）、《Still Fighting It》（李燦率）、《Maybe》（Sondia）、《石頭》（河鉉雨）、《我們的夜晚》（Sondia），和《Sweet Night》（BTS的成員V）等。製作人在特定場景中插入這些歌曲，以進一步讓觀眾沉浸在劇情之中。

例如在第十二集裡，朴世路邀請投資者在全國開設連鎖店。然而主要投資者卻欺騙了他，與希望世路失敗的長家集團CEO合作。朴世路的成功事業岌岌可危，吳秀娥希望他放棄復仇，對他說：「你何不放棄對長家集團的復仇呢？把這一切都忘記吧，來跟我一起過幸福的生活。」就在這時，趙以瑞打電話向他道歉，因為擴大經營是她的主意。但世路在電話中說：「我已經做了決定……我之所以能夠在經歷痛苦的上半輩子後重新振作起來，是因為我想復仇。在我成功復仇之前，我永遠不會快樂。」他同時回應了趙以瑞的道歉和吳秀娥的要求。這時，金弼的歌曲《當年那孩子》的樂音響起了。歌詞開頭是「歲月照顧我長大，告訴我現在是走向世界的時候」，結尾則是：「幾年以後……他會實現所有夢想嗎？」

每當世路回想起過去，並說服自己復仇的重要性時，便會響起《當年那孩子》這首歌。同樣地，當他克服挑戰並想表達自己得到了第二次機會時，Gaho的《開始》便會響起，與場景搭配得天衣無縫。《開始》的樂音中充滿了興奮、積極和勇氣。歌詞說：「我不想「新的開始總是令人興奮，像是我能克服一切。我想繼續前進。」歌詞也說：

再失去自己」，這和戲劇場景中的情感搭配得很完美。伴隨《梨泰院Class》的觀眾評分愈來愈高、愈來愈受歡迎，Gaho的歌也跟著大受歡迎。《開始》在二〇二〇年三月成功登上Melon排行榜（韓國最大的音樂排名榜）冠軍，在中國和越南等國也非常受歡迎（Kim, S.Y., 2020）。

儘管存在這些差異，《梨泰院Class》的條漫原作和電視劇在原創想法和主要角色的個性方面有很多相似之處。當電視劇的第一集播出時，許多條漫迷都很高興看到熟悉的情節，他們相信原著和改編作品的同步率會達到九九%或幾乎完美。大螢幕文化創作者可以在其作品中擴充條漫原作的情節，或忠於原著。換句話說，跨媒體改編有時也包含進一步擴充原始故事以吸引新觀眾，有時則是盡力忠於原著以吸引條漫原作的粉絲。電視劇經常會進一步擴充原始故事，因為大螢幕製作優先考量的事項與以行動性、小螢幕和零食文化為核心的條漫不同。

近日，在以條漫為基礎的跨媒體故事講述的傳統中，很容易看到對於這種改編或擴充故事感到不滿意的條漫粉絲發表負面的回應，他們以各種方式表達自己的擔憂。例如，《奶酪陷阱》這部由純kiki於二〇一〇至二〇一七年間所創作的浪漫劇情類條漫就出現了這樣的狀況。二〇一六年，該作品被改編成電視劇，二〇一七年又被拍成電影。然而，許多粉絲並不喜歡電視劇中的女主角，因為他們認為她無法恰當呈現原作中的角色。原作著重探討了一群大學生的生活和關係，特別是女主角洪雪和男主角劉正之間的複雜關係。粉絲激動抱怨戲劇挑選了金高銀來飾演洪雪。很多人質疑她與飾演柳晶的高人氣演員朴海鎮之間並不來電。當《奶酪陷阱》推出電影版時，雖然金高銀的演技高明，但導演並沒有考慮要請她來飾演洪雪（Hong, C., 2016）。

不同於《奶酪陷阱》，《梨泰院Class》改編的電視劇相當成功，並獲得了條漫原作粉絲的認可。由於兩種文化形式的優先事項、結構和風格都不同，條漫文本在轉換為大螢幕文化時難免有所修改。許多觀眾樂於看到這樣的調整和擴充。然而，以條漫為基礎的跨媒體故事講述在改編或擴充故事時所獲得的評價有褒有貶。無論評價如何，以條漫為基礎的大螢幕文化內容常在商業上獲得巨大成功，這讓韓國文化產業中以條漫為基礎的跨媒體故事講述得以持續成長。

電影中的條漫跨媒體故事講述：《與神同行》

條漫除了成功改編為韓劇之外，也出現了許多成功的電影改編作品。自二〇〇〇年代末以來，已經有約六十部條漫被改編成電影，而且改編自條漫的電影數量仍不斷上升。從《詭公寓》（*A.P.T.*，二〇〇六）到《殺妻嫌疑》（*Killed My Wife*，二〇一九）再到

《勝利號》（*Space Sweepers*，二〇二一），許多電影製作人都將條漫作為原創的內容來源。

條漫有許多風格類別，但出現電影改編作品的主要集中於幾個高人氣類別，包括劇情、愛情故事、動作、驚悚與奇幻（表4.2）。而條漫原作和其電影改編作品並不總是會被歸類在同樣的類別。例如，《一定要抓住》（*The Chase*）的條漫原作被歸類在「日常類」，但該作於二〇一七年的電影版本則被韓國電影振興委員會（Korean Film Council）歸類為驚悚類，因為「日常類」在電影業中並不是主要的類別。同樣地，《未來的青春筆記》（*Student A*）的條漫原作被歸類為「補習班生活」[7]或「日常類」，但二〇一八年的改編電影則被歸類為劇情類。還有，《傻瓜》條漫原作的類別是「純情類」，但電影改編作品則被歸類為劇情類。

《與神同行》（二〇一七年十二月上映）和《與神同行：最終審判》（二〇一八年八月上映）是根據周浩旻所創作的條漫來改編，兩部非常成功的改編電影。條漫原著於二〇一〇年一月至二〇一二年八月間在Naver Webtoon上連載，分為三部曲：「陰曹地府篇」、「陽間篇」，以及「神話篇」。這部作品結合了通俗劇、動作、幽默和幻想等元素，替韓國有關來世的民間傳說披上了現代化的色彩。這是最受歡迎的連載條漫作品之一，就讀者反應來看：每當周浩旻發表新的章節，會有成千上萬的觀眾會在Naver上發表他們的意見和感受。電影導演和電視製作人等大螢幕創作者可以根據作品粉絲的人數來評估條漫作品的流行程度，這些粉絲也是條漫改編文化產品的潛在消費者（Jin, D.Y., 2019a）。

《與神同行》的兩部電影由導演金榮華執導，皆成為了重磅作品，兩部電影的製作成本高達四千萬美元（兩部電影是同時製作的），遠遠高於二〇一六年韓國國內商業電影的平均製作成本（包括市場營銷成本）四百六十萬美元，以及二〇一七年的九百七十萬美元（Korean Film Council, 2019）。兩部電影的票房都相當亮眼。第一部電影上映時，立刻造成巨大轟動。有超過一千四百四十萬人進電影院觀賞，創造出韓國國內最高的票房總收入之一：一億一千五百七十萬美元。第二部電影則吸引了超過一千二百二十萬觀眾進場觀賞，進帳一億〇二百六十美元（Korean Film Council, 2020）。第一部電影也在其他亞洲國家的票房收入中名列前茅，成為了臺灣最賣座的韓國電影，以及香港第二賣座的韓國電影（Park, J. H., 2018）。

雖然這兩部電影密切相關，但兩者的主題有所不同。《與神同行》的電影故事講述一個死者由陰間使者引領，再次面對他人生中的罪。在死後的世界裡，靈魂必須在四十九天內通過七個試煉才能轉世。金自鴻（由車太鉉飾演）由三位死亡之守護者——陰間使者——江林（河正宇）、解怨脈（朱智勳）和李德春（金香起）護送穿過地獄的七道門。金自鴻被認為是模範死者，是這四十九天之中第一名良心無愧的死者，三位守護

條漫平台	電影名稱	導演	類別
Daum	詭公寓	安炳基	驚悚／恐怖
Daum Daum	傻瓜 純情漫畫	金正權 柳長河	劇情 文藝／愛情
Daum Daum	青苔：死亡異域 愛，是一生相伴	康祐碩 秋昌明	劇情 劇情
Daum Daum	26 年 惡鄰拼圖	趙根賢 金諱	動作 驚悚
Daum Daum	The Five 偉大的隱藏者	鄭淵植 張哲秀	驚悚 動作
Daum Naver	親愛貓咪 時尚天王	李仲勳 吳基煥	文藝／愛情 喜劇
Daum 韓民族日報	絕命時刻 萬惡新世界	閔京朝 禹民鎬	動畫 犯罪
Daum Naver Daum Naver	一定要抓住 奶酪陷阱 鋼鐵雨 與神同行	金弘善 李允正 楊宇碩 金容華	驚悚 文藝／愛情 動作 奇幻
Naver Daum Naver	未來的青春筆記 0.0 赫茲 與神同行：最終審判	李敬燮 劉先東 金容華	劇情 驚悚／恐怖 奇幻
Daum Daum KakaoPage Daum	青春催落去 超「人」氣動物園 國民英雄 殺妻嫌疑	崔正烈 孫在坤 姜允成 金河羅	劇情 喜劇 動作 驚悚
Daum	勝利號	趙聖熙	科幻／動作

資料來源：作者整理。

表 4.2 2006 至 2021 年間上映的一些條漫改編電影作品

年分	條漫名稱	條漫創作者
2006	詭公寓	姜草
2008	傻瓜 純情漫畫	姜草 姜草
2010	苔鮮 愛，是一生相伴	尹胎鎬 姜草
2012	26 年 惡鄰拼圖	姜草 姜草
2013	The Five 偉大的隱藏者	鄭淵植 Hun
2014	親愛貓咪 時尚天王	洪作家 旗安 84
2015	絕命時刻 萬惡新世界	姜草 尹胎鎬
2017	一定要抓住 奶酪陷阱 鋼鐵雨 與神同行	Daum Webtoon 和 18 位條漫創作者 純 kiki 楊宇碩 周浩旻
2018	未來的青春筆記 0.0 赫茲 與神同行	Hur6Pa6 張作 周浩旻
2019	青春催落去 超「人」氣動物園 國民英雄 殺妻嫌疑	趙金山 Hun 柳樹林 Hinari
2021	勝利號	洪作家

者認為他不僅會在試練中表現出色，最終也將對於他們自己的來世有益。自鴻在執行任務時殉職，之後便成為了轉世投胎的候選人。

雖然基本前提保持不變，但條漫原作和電影改編作品之間確實有些不同。首先，主要人物及相關情節都大大改變了。在條漫中，金自鴻是一個因工作緣故酗酒而死的普通白領階級，但在電影中他是一名英勇的消防員，這讓他變成了一個更值得尊敬的角色。其次，在條漫中，死者都有辯護律師，在地府的眾神面前接受不同的審判。條漫裡的律師陳季函是最受歡迎的角色之一，他試圖幫助自鴻通過七個審判。但在電影中，金自鴻由三名陰間使者所引導，導演刪掉了陳季函這個角色。電影預告片發布時，許多條漫粉絲都抱怨了電影中沒有陳季函一事。導演在採訪中解釋說：「我喜歡陳季函，他是一個非常迷人的角色。我不想要草草帶過該角；但如果我不得不解釋陰間為什麼有律師這件事，劇情就會變得更複雜，刪掉角色反而比較簡單。要在兩個小時的篇幅內擠進條漫中所有的內容並不容易」（Cho, Y. K., 2018）。

第三，電影更動了人物之間的關係，把原作故事中無關的支線與電影主線串起來。在條漫中，有名軍人意外死亡，變成一隻怨氣沖沖的狐猴，但在電影中這個角色變成了自鴻的弟弟秀鴻（金東旭飾），這個角色無意間讓自鴻在接受地府考驗時走岔了路（Jin, M. J., 2017）。然而，條漫迷並不喜歡這些改變，因為他們擔心這會讓電影失去原作的氣氛和主題。這些改編實際上也代表著主題的重大轉變，從條漫中的正義主題到電影中的孝順主題。導演把自鴻的職業從普通白領改成正直的消防員，顯然是想把這部電影改編成一個令人鼻酸的感人故事。他僅僅是拍出了自鴻對他喑啞的母親所犯下的罪，將母親塑造成一位無條件愛著兒子的天使般角色，就能讓觀眾紛紛落淚。

其中一個令人鼻酸的場景是一段回憶，在這段回憶中自鴻為了結束一切的痛苦而計畫謀殺母親，但在他殺害自己的母親之前，弟弟秀鴻便阻止了他。這段回憶揭示了為什麼自鴻極力想再次見到母親。在自鴻所做的夢裡，母親表示她從未責怪他們的痛苦，自鴻試著擁抱她，但卻再也碰觸不到母親。這是令觀眾落淚的時刻，正如導演所希望的那樣。因此，改編的過程意味著讓原始題材、主題和類型變得對大銀幕觀眾更具吸引力。雖然這些修改並不總是受到觀眾歡迎，但大銀幕的創作者往往會考慮進行修改，以吸引更大的觀眾群。

至於續集《與神同行：最終審判》並不完全延續上一部的故事情節。第一部深入探討了陰間使者江林（河正宇）、解怨脈（朱智勳）和李德春（金香起）的故事，而第二部則進一步結合了他們自己對於轉世的追求，並穿插著他們的前世回憶（Murray, 2018）。在續集中，三位陰間使者就要獲得新的生命，冥王黑帝斯（冥界之神）承諾如果他們在成功引導四十八名靈魂轉世後再引導最後一個人，他們自己就能轉世。然而事情變得複雜，因為江林試圖讓死於軍事事故後成為復仇鬼的秀鴻重獲新生，這違反了天堂的規定。

冥王接著交給了三位陰間使者一個任務，要他們去找一名老人——小學生賢東*的爺爺。其他陰間使者曾多次失手，無法把他帶回陰間，因為成造神保護著他的家。演員馬東石扮演心地善良的成造神，他的力量強大，能光憑一擊打倒多個陰間使者，但在人類面前卻十分軟弱。解怨脈和李德春前往老人的家執行任務，並見到了成造神。成造神表示三位陰間使者在一千年前都是人類，而他知道他們各自的過往，於是陰間使者開始對於自己的故事感到好奇（Shim, S. A., 2018）。

電影巧妙地讓兩條主要的故事線交織在一起，兩條故事線都各有陽世和陰間的情節，並使用交叉剪輯的手法。其中一條故事線圍繞著江林展開，他試圖透過多次試練讓秀鴻得以轉世，另一條故事線則描述了成造神的奮鬥，他試圖保護這位生活在面臨都更的荒廢山村中獨自撫養孫子的老人。過去的場景交叉出現，由神擔任旁白。這些回憶片段讓觀眾得以理解這兩條故事線中的重要細節，澄清了為什麼陰間使者必須等待一千年才能轉世，以及為什麼身為審判辯護律師的江林選擇了這麼麻煩的案例，作為他可能的最後一位客戶（Shim, S. A., 2018）。

每個陰間使者都各自面臨許多挑戰，也發現了許多秘密。與守護老人和孫子的成造神對抗時，解怨脈和李德春重拾了他們本已遺忘、過去在高麗王朝中生活的回憶，這些回憶改變了他們兩人之間以及他們與江林的關係。與此同時，江林也在與他自己的惡魔、昔日的恐懼和虛偽對抗，伶牙俐齒、曾讀過法律系的秀鴻在指出他的虛偽時可是不遺餘力。與具有明確主線的《與神同行》不同，《與神同行：最終審判》似乎更像是一部斷斷續續的歷史劇，探討了陰間使者們及其交織的命運。本質上，「第一部電影是一部簡單而感人的家庭劇，講述了無私、道德和角色於當下面對的因果報應」（Kerr, 2018）。

第二部電影和條漫原作間有許多重大的差別。首先，在該系列條漫的第三部「神話篇」中，守護著房子的神有四個：成造神、竈王神（掌管廚房）、廁神（掌管廁所）和守護著神話中擺著大缸（尤其是醬缸）的陽台的醬缸神。然而，在電影中為了簡化情節，守護房子的只剩下成造神。其次，在條漫中，爺爺在賢東上小學前就過世。然而在電影中，因為有成造神和陰間使者的幫助，祖父得以健在並與孫子一同度過生日，為故事劃下美好的句點。第三，在條漫中，賢東一家因為都市更新計畫而被撤離。然而，在電影中，祖父做出了投資以保護房子、逃離高利貸的魔掌。第一部電影因為加入了意圖

＊編註：條漫原作裡的名字為東玄，為避免行文閱讀的混淆，以下統一稱為賢東。

催淚的情節而遭人批評，第二部電影則因為想吸引更多觀眾，將苦澀現實的條漫情節改編成有著美好結局的勵志故事，同樣遭受批評。

大部分觀眾都能理解，大螢幕作品和與其原作（包括條漫）必定會有差異。正如喬凡尼（Giovagnoli, 2011）所指出的，在跨媒體中，原作的內容可在不同平台上使用，亦不會損害或干擾原始故事。透過跨媒體故事講述，觀眾可以感受到以條漫或小說原作所製作而成的電影具有相似的主題和題材。然而，一旦原始故事進入跨媒體故事講述的過程，為了吸引不同的受眾，其內容無可避免地會改變。法蘭柯（Franco, 2015, 44–45）指出，「跨媒體實踐既包含與原始文本的連續性和對比，也包含製片者對預期觀眾喜好的理解」。在這方面，希爾思（Hills, 2015）認為，在另一個平台上擴充原始文本時，由於敘事的複雜程度，修改原始文本是不可避免的。像《梨泰院Class》和《與神同行》這樣的條漫提供了複雜的長篇故事，文化生產者雖然預料到條漫迷會批評原本的主題遭到扭曲，仍不得不修改故事以迎合不同的受眾。

條漫的跨媒體性作為文化產業中的常態

條漫生動描繪出各種日常現實，讓讀者能輕易產生共鳴。雖然與小說、漫畫和動畫等其他原始材料有些差異，但條漫很容易被改編和轉換為其他類型的文化內容，並受到歡迎。以條漫為基礎的跨媒體已無可避免地成為了文化產業中的一股力量，並大大改變了文化常態。由於韓國社會和文化產業的一些特色，條漫在改編過程中的主要重點和其他的原始材料並不相同。透過眾多媒體平台創造出多個文本，可以增加該系列作品的價值，推動跨媒體製作則是對於跨國化現象的回應，這兩者都促使觀眾攜手合作去揣摩不同的文本和畫面（Pamment, 2016; Pyo, Jang and Yoon, 2019）。這樣的新趨勢改變了當代條漫生態系的結構。條漫憑其獨特的特色為跨媒體性的新形式做出巨大貢獻，將以條漫為基礎的跨媒體故事講述與之前的類型區分開來。

首先，條漫開始在跨媒體故事講述中發揮重要作用，這是基於其具有豐富多彩的故事情節，以及引人入勝的視覺畫面。條漫的主題和類型已經迅速演進並變得多樣化，引起了文化創作者的關注，進而考慮將條漫作為其文化產品的原始素材。例如，韓國電影圈近年來推出的一些作品，像是《我只是個計程車司機》（*A Taxi Driver*，二〇一七）、《軍艦島》（*The Battleship Island*，二〇一七）、《花漾奶奶秀英文》（*I Can Speak*，二〇一七）和《1987：黎明到來的那一天》（*1987: When the Day Comes*，二〇一七）讓我們看見韓國電影對於社會腐敗問題的探討。然而，電影製片在尋找這類電影的原始材料時遇上困難，因此轉向條漫——因為條漫往往真實描繪出當代社會的各個面向，能提供一般無法在其他材料中找到的基本故事情節。

同樣地，電影《與神同行》點出了嚴肅的社會文化問題。電影另外加上了與軍隊意外事故有關的故事情節，這在條漫中未有詳細探討。韓國政府經常會壓下有關軍隊事故的負面描述或報導。然而，《與神同行》詳細描述了主角自鴻的弟弟秀鴻在服役期間死亡的事件。在調查中發現，朴中尉（由李浚赫飾演）曾掩護槍枝走火誤傷秀鴻的士兵元東延（都敬秀飾），兩人為了湮滅證據，在不知情的狀況下活埋了當時仍未斷氣的秀鴻。軍方並沒有對該事件進行調查，而僅報告秀鴻在任務中失蹤。由於韓國媒體無法輕易得到有關軍隊的資訊，所以這種事件幾乎從未受到適當調查。因此，許多韓國人認為軍隊很可能常會隱瞞類似《與神同行》中出現的這種事件。這一幕講出了在韓國社會中很少被討論的可能真相。電影擴寫了原始條漫中的這段情節，顯示出條漫在文化製程中可能提供的真實性。

其次，以條漫為基礎的跨媒體性具有獨一無二的特色，特別是與改編過程相關的特色。許多條漫創作者多年來每個星期都會更新故事，這意味著這些短短的每日或每週更新的內容，以及其所延伸出來的故事都必須要足夠吸引人。相比之下，大多數電影在開頭的步調都比較緩慢，然後逐漸邁向故事高潮。因此，大螢幕產品的戲劇結構通常與原作條漫不同。這就是為什麼在某些情況下，條漫改編的大螢幕文化作品會失敗（Seo, B.

G., 2015）。

故事內容不同並非罕見之事，文化創作者經常巧妙修改原始故事以適應自身的文化類型。正如學者們（J. H. Park, Lee, and Lee, 2019, 2184）所指出的，每種文化形式都得是「獨立自足」的。這代表著被改編成不同媒體（電影、電視、電玩遊戲、漫畫和小說）的故事，是以一種每個媒體都可以單獨成立的方式來提供觀眾不同的切入點，以進入故事世界們之中。在跨媒體故事講述中，「故事世界的擴充至關重要」（2191）。以條漫為基礎的大螢幕文化產品是透過修改和擴充原作來取得巨大的成功，而不是堅持忠於原作。正如詹金斯（Jenkins, 2011）所說：「基本上，改編是將同一個故事從一種媒體中提取故事，然後在另一種媒體上重述故事。而擴充則是在將現有故事從一個媒體轉換到另一媒體時，加上一些東西……任何改編都代表對原著作品的一種詮釋，而不僅僅是一種複製，因此所有改編在某種程度上都擴充了故事所附帶的意義。」以條漫為基礎的跨媒體性在韓國文化產業中並非每次都能取得成功。不過，文化創作者更注重改動條漫作品所帶來的潛力而非風險。

第三，條漫強調文化上的真實性，這讓條漫不同於其他也可以跨媒體改編的材料。就像《梨泰院Class》和《與神同行》明確顯示出的，許多條漫代表了韓國的思維和認同，並融入了歷史和現代社會之中。這在跨媒體故事講述上並非總是有益，對於跨國改編的案例而言尤其如此。韓國條漫中有時充斥著韓國文化特色，以致於作品在韓國以外的市場上很難受到歡迎。例如，《未生》於二〇一四年時在韓國大受歡迎，但該劇被輸出到包括中國和美國在內的六個國家時，裡面關於現代職場競爭和就業機會的故事，並沒有像引起韓國觀眾共鳴那樣引起外國觀眾的迴響。一些媒體批評家建議，韓國條漫必須創作更多具有普遍主題的故事，例如超級英雄、奇幻和童話故事，這些都是在日本動漫中經常作為跨媒體故事講述原始材料的主題。然而，條漫中的韓國文化特色可能是條漫在韓國本地作為獨特文化形式和跨媒體故事講述來源，能夠持續受到歡迎所必須的元素（Doo, 2017）。在各種文化改編產品中做出文化區別是很重要的，許多條漫平台也都會發展出混雜性（hybridity）以作為打入他國市場的一種方式。然而，條漫為基礎的跨媒體故事講述仰賴的是描繪出韓國社會動態中無法被他人模仿的獨特故事。因此，條漫創作者和其他文化創作者都必須意識到作品具有在地認同和真實性一事有多重要。

最後但同樣重要的是，使用很多電腦特效的電影和電視劇正逐漸成為在地文化產業跨媒體故事講述的新成分。《與神同行》有多達二千三百個視覺特效鏡頭（Kim, S. H., 2017）。如前所述，兩部《與神同行》電影的成本約四千萬美元，其中約有一千五百萬美元用於電腦特效畫面（Lee, H. I., 2018）。有鑑於韓國電影紛紛迅速採用電腦製作的特效，而條漫又提供了視覺畫面，大螢幕文化的創作者因此可以輕鬆想像條漫轉化為各種特效的新文化內容。正如史可萊利（Scolari, 2009, 589）所指出的那樣，跨媒體故事講述「不僅影響文本，還包含了生產和消費過程的轉變」，而製片人「隨著新一代消費者發展出處理故事流向的技能，而看到了媒體市場的新商機，開始搜尋不同源頭的資訊」。有著鮮明視覺效果的條漫，是強調特殊效果的跨媒體故事講述的最佳來源。

總結來說，條漫已創造出新形式的故事講述，並具有多樣化的內容以迎合各種口味。由於條漫擁有豐富的視覺畫面和文本，以及多樣化的主題和類型，娛樂產業的文化創意人士持續嘗試將條漫轉化為其他文化形式。自一九九〇年代末以來，由於政治、經濟、文化和科技上的幾次變化，韓國社會也迅速轉變。在韓國社會文化脈絡的背景下出現的條漫，以社會本身作為靈感的寶庫（Jang, W. H., and Song, 2017, 179; see also Korea.com, 2016），如今則成了大螢幕內容的主要原始素材。條漫已成為全球文化產業中跨媒體故事講述的常態，改編的過程會將日本動漫和韓國條漫的主要資源轉移至其他文化產品，同時提供有創意、匯流的點子。毫無疑問，條漫在文化產業中的改編和跨媒體化會持續增加。

結論

本章分析了以條漫為基礎的跨媒體故事講述作為二十一世紀初的新文化趨勢。我討論了條漫作為韓國文化產業和全球文化市場（包括Netflix等ＯＴＴ服務）中跨媒體故事講述的載體。有鑑於成千上萬的年輕人已成為條漫和條漫創作者的死忠粉絲，韓國的條漫產業和如KakaoPage和Naver等數位入口網站已經發展出獨特的策略，把條漫當作各種文化產品（如電影、遊戲、音樂劇和電視劇）的主要原始素材。

由於許多條漫故事都很有趣且新鮮，現在有時甚至還會搭配聲音、特殊效果，以及視覺畫面，因此改編條漫已變得愈來愈流行。正如史塔夫羅拉（Stavroula, 2014）所指出的，處於數位科技和數位內容匯流點的條漫創造出新形態的故事。電視製作人和電影導演等文化創作者則急於把條漫變成大螢幕文化產品，來將其商業化、商品化（Nam, Y. J., 2020）。

毫無疑問，就像以日本漫畫為基礎的跨媒體故事講述一樣，目前韓國跨媒體故事講述仍存在一些關鍵問題，甚至存在風險（欲了解日本媒體混合，請參閱Steinberg, 2012）。韓國的問題包括條漫和條漫創作者的商品化，以及漫畫在改編過程中失去原創性，還有少數超級巨型平台的市場優勢（詳見第二章）。不同媒體平台的匯流確保了不同文化部門之間建立起更密切的關係，甚至相互依存。然而，「這種不同媒體產業的匯流可能會削弱每個不同公司、行業或其他社會實體的自主性，導致人們刻意避開有爭議的主題」（Suzuki, 2019, 2208）。以前，條漫曾是各種聲音甚至是非主流聲音的發聲管道，與通常不敢談論某些爭議主題的主流媒體或大型媒體公司形成對比。可是，隨著大型電視頻道和電影公司致力於有策略地修改與敏感議題相關的內容，作為文化內容的條漫可能會失去描繪或討論敏感及爭議主題的能力。

與此同時，當前由數位平台主導的跨媒體故事講述策略，「往往會優先考慮角色而降低或無視敘事性，因而產出非敘事媒體形式（即插圖或設計）的角色或導致角色商品化」（Suzuki, 2019, 2209）。在今日的跨媒體故事講述中，這種傾向可能會削弱或減輕此前出現在條漫敘事（而非角色敘事）中的社會批評或政治評論（Suzuki, 2019）。

以條漫為基礎的跨媒體故事講述並不是曇花一現，它將會成為全球文化舞台上的新常態。只要條漫繼續忠實反映出迅速變化的當代社會特質，以條漫為基礎的大螢幕文化製作將在全球各地持續進行。在進一步拓展以韓國條漫為基礎的跨媒體故事講述時，如何在改編過程中留住條漫的原創性，並避免原創故事過度商業化，將成為關鍵問題。

5 條漫的跨國跨媒體性

過去的二十年裡，韓國流行文化在全球流行起來。少數文化形式（包括電視劇、電影和韓國流行音樂）的全球影響力持續增加。正如音樂團體BTS和Blackpink、《寄生上流》（二〇二〇年獲得四項奧斯卡獎）和《魷魚遊戲》（二〇二一年秋季在Netflix上風靡全球）的成功所證明的，全球觀眾愈來愈認可韓國流行文化，並受其吸引。韓流不斷發展出新的文化形式和數位文化，說明韓國文化內容在全球舞台上的持續成長。

同樣地，考慮到韓流在全球文化市場的影響力，條漫產業與韓國流行音樂、電影和電視劇等其他文化產業相比，是一個相對鮮為人知的產業。然而，隨著文化內容逐漸跨越國界傳播到全球不同地方——這主要是由於線上傳播率飆升（例如社群媒體和串流媒體服務的使用）以及廣泛的國際粉絲基礎（Ju, 2019）——條漫的全球接受度突然增加。儘管全球各地對條漫日益關注的原因有很多，但可以說，全球文化產業對韓國條漫的改編，部分（甚至全部）能歸功於韓流。很多外國觀眾本來就喜歡韓國文化內容，這降低了他們接觸其他韓國在地流行文化或數位文化的障礙。

與電視節目和電影（主要出口成品）等其他文化部門不同，條漫主要是數位內容（可以在世界許多地方的智慧型手機和應用程式上閱讀）。包括Naver、KakaoPage和Daum在內的條漫平台已更新了全球化策略，並開發出用於條漫消費的智慧型手機應用程式。條漫以其原始形式和作為跨媒體故事講述的來源，滲透到全球文化市場，成為二十世紀初韓流重要的一部分。

本章探討的是條漫的全球影響力。我會討論條漫韓流作為新韓流重要分支的獨特形式——從二〇〇〇年代末開始的新韓流承載著韓國流行文化和數位科技，在韓國流行音樂、手機遊戲和條漫的推動下攻向全球。我還會找出條漫作為韓流新趨勢如何變成全球OTT服務平台的大螢幕文化，藉此探討以條漫為基礎的跨國跨媒體現象。然後，我會透過討論與條漫相關的混雜性和文化特殊性之間的緊張關係，分析全球文化市場中在地認同和全球在地化（glocalization）策略之間的權力關係。我會透過這些討論來指出條漫韓流的成長對當代文化產業的各種主要影響，並提供對韓流新常態的見解。

條漫的跨國化

近年來，流行文化和數位文化的跨國化現象持續成長。儘管少數西方國家憑藉經濟、科技、文化實力在跨國文化流動中發揮了重要作用，但少數的南方世界國家在全球文化市場的影響力也逐漸上升。其中，韓國顯著發展出當地流行文化和數位科技作為文化產品（如電視劇、韓國流行音樂和電影）的跨國化——這個術語指的是「人、商品和思想真正跨越國界，並且不以單一起源地為其身分認同的狀況」（Watson, 2006, 11）。韓流正在大規模走向全球，許多其他國家的粉絲都很喜歡包括條漫在內各種形式的韓國文化內容。

韓流大約始於一九九〇年代中期，當時韓國電視節目和電影在東亞其他地方流行起來。儘管中國、日本和臺灣繼續進口並享受大量韓國文化產品，但韓流自二〇〇〇年代末以來持續轉變為一股公認的跨國力量（Kim, Y. A., 2013; Ju, 2019; Jin, D. Y., Yoon and Min, 2021）。與早期階段的韓流不同（當時只有電視劇和電影等少數文化形式是主要文化驅動力），在最新階段的韓流〔稱為新韓流（Jin, D. Y., 2016）或韓流 2.0（Lee, S. J., and Nornes, 2015）〕中，其他形式的文化內容也有所發展，包括流行音樂、條漫、數位遊戲，以及數位科技（例如智慧型手機）。

儘管推動流行文化跨越國界的因素有很多，但不少學者（Iwabuchi, 2002; Kraidy, 2005; Lee, H. J., 2018）認為混雜性是跨國化現象日漸成長的主要因素。當今條漫的全球影響力可以比得上日本動漫的全球流通——日本動漫在韓國條漫之前便以經歷了全球漫畫市場的跨國化過程。因此，回顧日本動漫產業中的混雜性是很有意思的做法，如此一來就能拿它與韓國條漫領域中的混雜性做比較。

正如學者（H. J. Lee, 2018, 366）指出的，對於日本動漫的跨國流通和接受的研究「關注的主要是其傳播和消費的複雜方式，尤其是相同和差異的混雜如何成為其全球吸引力和接受度的重要面向」。一些學者（例如 Iwabuchi, 2002; Bryce et al., 2010）認為，日本動漫的全球影響力來自它們將普遍故事主題與其他元素結合的能力。這些學者特別強調日本文化如何發展無國籍的文化內容，即「無氣味文化」（Iwabuchi, 2002）和「無區別文化，包括未命名或無法識別的環境」（Bryce et al., 2010），用來增加熟悉感，並與全球受眾建立可能的連結。對於日本文化創作者來說，無國籍動漫的發展涉及「在全球傳播和接納的複雜過程中，抹消國籍或文化特殊性，這會模糊外國和本地的界線，讓西方受眾更能喜愛和接受日本流行文化」（Lee, H. J., 2018, 366）。日本文化創作者將包括動漫在內的流行文化去政治化，並消除了日本文化認同，透過混雜化的過程來吸引全球觀眾。

然而，正如佩特里（Pellitteri, 2010, 120）所指出的，「動漫的藝術和主題中出現某些日本特色是難以避免的……它們的外觀和主題都是日本的，也就是說，所有這些人物的名字、風景、習俗和習慣顯然都源自日本」。儘管日本作品在進入非日本市場時進行了修改，但這些作品中的文化特有元素（例如人物的服裝或行為、背景，以及敘事的主題和訊息）在跨文化交流過程中無法完全去除，而正是這些元素讓作品的日本性浮現（Bryce et al., 2010; Pellitteri, 2010）。納皮爾（Napier, 2007）也點出，對某些消費者而言，與日本的關聯才是動漫具有吸引力的重要原因之一。

正如學者們（A. G. Shim et al., 2020, 844–845）巧妙指出的，全球化在條漫領域是股更強大的力量，因為條漫內容可以「透過先進的技術、成熟的故事講述技巧，傳遞韓國內建的價值和傳統，以及精緻的視覺風格」。正如我在其他地方討論過的（Jin, D. Y., 2016, 14–15），混雜性以策略性的方式嵌入文化政治中，不只希望混雜文本、圖像和聲音，以使文化產品變得中立無國籍，而且還與文化政策、文化分工，以及權力差距的結構相關。混雜性暗示了西方國家和非西方國家之間存在權力關係，導致在地力量挪用全球商品和服務，以創造出無國界的文化產品來吸引全球受眾。從這個意義上來說，混雜性可以被認為是在地文化的政治化。作為代表韓流的數位文化，條漫尤其具有文化政治性，因為韓國流行文化描繪出重要的民族思維與認同。韓國條漫和韓流整體而言並未掩飾其文化認同或地方特殊性（也就是將韓國流行文化去政治化），而是發展出由在地因素驅動並包含在地文化的流行文化，這意味著文化的政治化。因此，分析條漫場景中的混雜性時，不僅需要仔細關注文本混合，還需要關心文化政治。上述幾位理論家主要關注混雜性論述中的文化混合。然而，我們必須擴大混雜性的範圍並做更廣泛的討論。

條漫作為二十世紀初期的新數位韓流

條漫作為韓流現象的一部分，在全球文化市場的知名度迅速提高。最近的韓流趨勢與數位科技的發展密切相關，而條漫藉由數位科技與流行文化的匯流，成為一種成功的數位文化產品（Yecies et al., 2019; Jin, D. Y., Yoon, and Min, 2021）。條漫導致全球喜愛韓國流行文化的粉絲數量增加，與電視節目和電影等傳統文化產品相比，條漫針對的是年輕世代。直到二〇〇〇年代末為止，全球觀眾都還需要購買CD、卡式錄音帶或DVD，或是去劇院和音樂會欣賞韓國文化內容。然而，人們現在可以在各種串流媒體平台上欣賞音樂，而大多數條漫則在數位平台和應用程式上就能閱讀（Jin, D.Y. and Yoon, 2016）。

條漫的跨國化始於二〇一二年，條漫集團Tapas Media在美國設立了韓國條漫服務平台。最初，該公司與Daum Kakao合作，招募了一千二百名設計師和創作者，並翻譯了五十二部韓國條漫以供美國使用者閱讀（Kang, T. J., 2014）。由於韓國和美國之間的文化差異，Tapas Media主要推出的是主流類型條漫，而不是「病態品味」[1]或「日常」類型的條漫，因為多數美國人並不完全理解以韓國在地為中心的條漫內容（Hwang, J.H., 2010; Ministry of Science and ICT, 2017）。同樣在二〇一二年，一些漫畫家和條漫公司在美國設立工作室以吸引外資，同時開拓市場。支持和推廣韓國動漫的韓國漫畫影像振興院透過全國比賽評選出了六位新興漫畫家，並派他們到洛杉磯與美國的編輯和創意團隊合作。該機構也同意在財務上支持K–Studio與美國公司、工作室或創作者之間的合作（K–Studio, 2012）。

從那時起，韓國條漫在全球漫畫市場的市占率便持續上升。從表5.1可以看出，自二〇〇〇年代末期以來，韓國文化產品的出口增加了，包括電視節目、電影、動畫風格、音樂和漫畫。韓國流行音樂和漫畫掀起了新韓流。二〇一〇至二〇二〇年間，韓國流行音樂的出口成長了八．四七倍，其次是漫畫（七．九倍）、電影（二．九五倍）、電視節目（二．六三倍）和動畫（一．二六倍）。二〇二〇年漫畫出口額為六千四百八十萬美元，而電影為五千四百一十萬美元，這表明漫畫產業已成為韓國主要文化產業之一，且漫畫是韓國目前出口最多的文化形式之一（Ministry of Culture, Sports and Tourism, 2019 and 2020; Korea Creative Content Agency, 2019c and 2021; Won, 2020）。要確定條漫在漫畫全球

表 5.1 2010 至 2020 年間韓國文化產品的出口

（單位：百萬美元）

	2010	2011	2012	2013	2014	2015	2016	2017	2018	2019	2020
電視節目	184.7	222.4	233.8	309.4	336.0	320.0	411.2	362.0	478.4	474.3	486.9
電影	13.6	15.8	20.1	35.0	26.3	29.3	43.8	40.7	41.6	37.8	54.1
動畫	96.8	115.9	112.5	109.8	115.0	126.5	135.6	144.8	174.0	174.5	122.2
音樂	81.3	196.1	235.1	277.3	335.0	381.0	442.5	512.5	564.2	756.0	688.9
漫畫	8.2	17.2	17.1	20.9	25.0	29.3	32.4	35.2	40.5	46.0	64.8

資料來源：Ministry of Culture, Sports and Tourism (2014a, 2014b, 2019, and 2020); Korea Creative Content Agency (2019a and 2021)。

流通量中所占的比例並不容易。但可以肯定的是，條漫在全球文化市場中的存在感正在迅速增加，是近年來漫畫領域最重要的產品。

近年來，包括條漫在內的漫畫產品的主要出口地區已變得多樣化。二〇一八年，韓國漫畫出口額為四千〇五十萬美元，其中最大的市場是歐洲（二九・五%），其次是日本（二八・六%）、東南亞（二〇・四%）、北美（一三・一%）和中國（六・一%）。這與主打東亞其他國家和北美市場的韓國其他文化產業形成鮮明對比。韓漫不僅打進了亞洲市場，也打進北美和歐洲市場。事實上，漫畫產業是韓國流行文化中唯一以歐洲為最大市場的部門。圖像小說在歐洲市場最受歡迎，而東南亞人和日本人喜歡的則以條漫為主。日本、印尼和泰國都擁有龐大的條漫粉絲基礎（Ministry of Culture, Sports and Tourism, 2019 and 2020）。

有幾個國家（包括法國、日本、越南、印尼）已將韓國條漫模式引進本地漫畫產業，創造出類似風格或全新風格的條漫。例如，隨著條漫在法國成為人們愈來愈熟悉的存在並受到歡迎；受韓國條漫的影響，一家名為Delitoon的法國新漫畫公司於二〇〇九年成立。最初，Delitoon的主要產品是掃描的紙本漫畫，而不是純粹的條漫。但該公司發展出一種條漫風格的漫畫，稱為法國條漫。自二〇一五年以來，Delitoon已推出了四十部韓國條漫和三部由本土創作者繪製的條漫（Kim, M. H., 2016; Jang, W. H. and Song, 2017）。

在日本，自二〇一三年起，NHN Entertainment和Lezhin Comics開始製作由日本漫畫家創作的在地化條漫，其中一些受歡迎的作品被重製成書籍或動畫，出口到其他國家。例如，日本創作者夜宵草（Yayoi So）所創作的的條漫《ReLife重返十七歲》被改編成電視動畫作品。《ReLife重返十七歲》是條漫格式的日本漫畫系列作，反映出韓國條漫對日本漫畫的影響（Hong, J. M., 2017; Jang, W. H., and Song, 2017）。

更重要的是，我們必須看到條漫平台在全球文化市場發展中扮演著至關重要的角色。韓國條漫全球影響力的擴張始於兩大條漫平台：Naver和Daum（現為Kakao）。Naver於二〇一三年七月開始推出英文和中文條漫。Daum則於二〇一四年一月透過美國Tapas Media推出全球服務（Jang, W. H., and Song, 2017）。

Naver、Kakao、Lezhin Comics都在二〇一〇年代初期開始發展全球化策略（Han, C. W., 2015），他們的跨國化模式也持續多元化。現在，許多國家的網路和行動平台上都能讀到本地語言的條漫。例如，Naver如今提供包括英語、簡中、繁中、泰語、印尼語等多種語言的條漫，並透過在日本的即時行動通訊軟體Line上傳中文條漫。

在這些平台的努力下，韓國條漫迅速進入其他國家。截至二〇一八年十二月，在國外發表的韓國條漫共有二千一百九十八部（見表5.2）。依語言分類，韓國條漫以英文發表的有六百四十五部（二九．三％）、日文四百一十六部（一八．九％）、簡體中文

表 5.2 2018 年 12 月國際市場中一些平台上的條漫

平台	語言	條漫	總計
Line Webtoon	簡體中文	335	1,303
	繁體中文	329	
	英文	263	
	印尼文	192	
	泰文	184	
Lezhin Comics	英文	219	533
	日文	314	
Toomics	簡體中文	49	184
	繁體中文	48	
	英文	87	
Piccoma	日文	102	102
Tappytoon	英文	76	76
合計		2,198	2,198

資料來源：Korea Creative Content Agency, 2019b。

三百八十四部（主要為中國和新加坡讀者；一七・四%）、繁體中文三百七十七部（主要為臺灣、香港和華僑讀者；一七・一%），印尼文一百九十二部（八・七%），泰文一百八十四部（八・四%）（Korea Creative Content Agency, 2019b）。

在北美，Naver Webtoon在Z世代讀者中的表現令人印象深刻。以Line Webtoon為例，二十四歲以下的使用者約占總使用者的七五%。Line Webtoon 應用程式在青少年和二十多歲的人使用的iOS娛樂應用程式中排名第四。學者（J. H. Park, 2020）指出，「Naver Webtoon 拓寬了新式娛樂內容的範圍，為全世界的業餘漫畫家提供了新的機會」，並協助條漫迅速成為韓流的重要部分。光是在美國，Line Webtoon的每月活躍使用者數量在二〇一九年十一月裡便超過一千萬，比起二〇一四年的數字幾乎是兩倍。Line Webtoon在全球市場上共有六千萬名活躍使用者，在二〇二〇年的內容交易中總共為該公司賺進約六千億韓元（五億一千九百萬美元）的收入（Chung, J. W., 2020）。

隨著韓國漫畫逐漸成為好萊塢電影原創內容的原始素材，條漫創作者使用的在地化策略不僅瞄準條漫市場，也針對電影和戲劇市場。易西斯（Yecies, 2018, 123）一篇關於中國市場裡的韓國條漫的研究指出，條漫是「韓國不斷擴大的流行文化浪潮的關鍵推動力，也是全球線上和行動媒體／娛樂平台環境中的重要內容」。Naver和Daum（KakaoPage）明顯促使條漫韓流在全球許多地區持續成長。

韓國條漫平台在日本和美國的國際性成功尤其有意義，因為這兩個國家是全球漫畫市場的領頭羊。韓國平台將紙本漫畫轉移到數位媒體上，並引進滑動式閱讀、專為行動裝置改良的條漫，主導了條漫市場。全球市場上有許多成功的條漫。例如二〇一九年十一月，Naver Webtoon推出Yaongyi所創作的《女神降臨》（純情類、愛情故事類），在美國Line Webtoon上的瀏覽量排名第二。也是Naver Webtoon推出的《神之塔》（奇幻類）以韓美日共同作品的形式，於二〇二〇年四月一日登上Reddit每週動畫排行榜冠軍。由於美國和日本漫畫市場都依賴傳統出版，韓國條漫產業獲得了打進數位漫畫市場的機會，而韓國條漫平台在吸引數位世代成員進入條漫市場方面，發揮了關鍵作用（Park, M.J., 2020a）。漫威漫畫所推出的主要是超級英雄類型的漫畫，但韓國條漫主打利基市場，例如人們以零食文化形式消費的愛情故事和劇情類漫畫（KOMACON, 2018a）。

日本漫畫在日本年輕人中非常受歡迎，韓國條漫似乎很難贏得日本讀者的心。不過，韓國條漫在日本的數位網路使用者中相對較受歡迎。例如，《我獨自升級》（*Solo Leveling*）是一部KakaoPage Webtoon推出、韓國小說改編、由Chugong創作的奇幻類條漫，可在Piccoma上閱讀。《我獨自升級》自二〇一九年三月起在日本出版，累計讀者超過一百萬，並被Piccoma評為二〇一九年排名第一的條漫（Park, M. J., 2020a）。Piccoma以有效的方式制定出結構性混雜策略，招募日本和韓國藝術家。它推出的條漫中約七〇%

是由日本藝術家創作，專為日本年輕人提供日本在地文化內容（KOMACON, 2018）。

條漫與日本漫畫不同，日本漫畫在大多數情況下首先專攻紙本讀者，然後才在應用程式上進行線上推廣；在日本，條漫「從一開始就專攻數位裝置用戶：其格式已經針對個人電腦和智慧型手機做出改良」（Osaki, 2019）。韓國條漫在熱門漫畫應用程式上發布後，便立即吸引了日本年輕人持續關注。Line Manga由即時通訊巨頭Line Corp.（韓國平台巨頭Naver的子公司）推出，截至二〇一九年五月，其日本國內使用者數約為二千三百萬，若按閱讀量計算，它是日本最大的漫畫閱讀應用程式，在上面能讀到許多最初是以紙本形式呈現的日文漫畫。不過，讓這款巨型應用程式開始流行起來的卻是兩部韓國條漫：《女神降臨》和《看臉時代》（*Lookism*），這兩部作品在二〇一九年裡的六個月間內持續占據了月排行榜前兩名的位置。雖然已經有一些日本漫畫家考慮改變其漫畫格式，[2] 但這並不是容易的事，因為日本漫畫被設計來用實體印刷的格式來閱讀，不曾針對智慧型手機做出改良。確實，許多日漫作品很難以數位方式閱讀，因為上面的字對於智慧型手機來說太小了（Osaki, 2019）。[3] 還有許多美國的手遊，如《高校之神》（*The God of High School*，二〇一一年至今；動作類）、《神之塔》（二〇一〇年至今；動作與黑暗奇幻類）和《大貴族》（*Noblesse*，二〇〇七至二〇〇九；動作與懸疑類）都是由韓國條漫改編而來的。

條漫之所以能夠進入北方和南方世界各國，部分原因是韓流堅若磐石的高人氣。因此，條漫創作者和條漫作品都受益於廣大的韓流文化內容。條漫作為數位內容在全球漫畫市場上有巨大的潛力，而全球條漫讀者數量正在迅速增加中。由於韓流最近滲透北方世界，許多北美和歐洲人都很熟悉韓國流行音樂和電影，這使得條漫對這些地區的人們愈來愈有吸引力。

條漫於全球文化圈中的跨國跨媒體性

條漫作為文化產品的全球影響力不斷增強，在跨國跨媒體故事講述方面發揮關鍵作用。以條漫為基礎的跨國跨媒體性仍處於起步階段，但這種由IP驅動的全球滲透已迅速成長。條漫不僅以每週更新或全作完結的形式來銷售文化內容，也成為包括OTT服務平台在內的全球文化創作者能使用的原始素材。由於Netflix向全球觀眾同時大規模播送韓國文化內容，韓國文化產業與Netflix（以及其他全球OTT平台）之間，可說是合作創造出一種新形式的韓流（Kim, M. R, 2020）。Netflix也認為世界各地有許多人喜歡韓國流行文化。在美國，人們主要透過Netflix和YouTube等串流網站觀看韓劇（Ju, 2019），最近則有條漫為Netflix提供新的素材。

Netflix發展出以條漫為基礎、由IP驅動的跨媒體故事講述。《屍戰朝鮮》(*Kingdom*)是Netflix首部由在地文化創作者資助並製作的節目。《屍戰朝鮮》改編自條漫製作公司YLAB的條漫系列作《神的國度》(*Land of the Gods*),是金銀姬首次以條漫作家的身分參與創作並由梁慶一繪製,於二〇一四年出版。《屍戰朝鮮》及其條漫原作以獨特的方式,結合了朝鮮王朝的社會結構與政治,以及現代的殭屍主題。這個故事的靈感來自《朝鮮王朝實錄》,這是一部朝鮮王朝於一四一三至一八六五年間的紀錄,裡頭記載有成千上萬的人死於一種神秘的疾病,於是金銀姬決定將瘟疫重新塑造成殭屍病毒(MacDonald, 2020)。故事圍繞著朝鮮王朝的王世子展開,他針對威脅整個國家的未知傳染病進行了調查。當金銀姬第一次想出《屍戰朝鮮》背後的故事時,她並沒有將其構思為電視劇本來進行創作。相反地,她以二〇一五年的條漫作品《神的國度》來講述這個故事。Netflix於二〇一九年六月成立韓國子公司後,推出的最初幾部重大節目之一就是《屍戰朝鮮》。在動工前,Netflix首爾辦公室的工作人員拜訪了金銀姬,詢問該作品改編為真人戲劇的潛力(Lee, M. A., 2019)。[4]《屍戰朝鮮》成為Netflix的第一部韓國原創影集,第一季共有六集,於二〇一九年播出,第二季則於二〇二〇年三月播出(MacDonald, 2020)。

《屍戰朝鮮》開場時,國王已經去世,他駕崩的謠言四起。但謠言只講對了一半:

國王確實死了，但他以殭屍的身分回歸——他變成了怪物。為了保護自己的權力，皇后（金慧峻飾）和她的父親領相趙學柱（柳承龍飾）把國王鎖在王宮的寢室內，不讓任何人見到他，包括國王的兒子王世子（朱智勛飾）也一樣。王世子被派去執行一項任務，尋找致命瘟疫蔓延全國的原因。王世子對瘟疫的原因起了疑心，對於那些想阻止他繼承王位的人來說，這構成了更大的威脅。當權者不僅想殺死他而已，為了鞏固權力，他們還刻意忽略鄉間地區成群結隊的殭屍。《屍戰朝鮮》跟隨著王世子的腳步，試圖揭露邪惡陰謀，並拯救遭受奇怪瘟疫折磨的人民（Jin, M. J., 2019）。

有趣的是，《屍戰朝鮮》與大多數其他條漫改編的大螢幕文化作品不同，《屍戰朝鮮》的條漫原作和Netflix影集之間並沒有太多共同點，但該影集卻成功吸引了數十萬全球觀眾。在創作條漫和影集中的殭屍時，金銀姬看到了陷入絕境的飢餓人群和貪婪的不朽生物之間的相似之處。儘管殭屍看來很可怕，但瘟疫並不是這部劇中真正的反派：相反地，反派是那些充滿貪婪和權力欲望的人。金銀姬在二〇一九年一月於首爾舉行的記者會上表示：「歷史中的那段時期是很艱難的，人們被迫繳稅、受到當權者的不公平對待。我想透過殭屍來描繪出那個充滿飢餓、衣衫襤褸的時代」（摘自Jin, M. J., 2019）。在《屍戰朝鮮》第二季中，殭屍數量不斷增加，他們開始擾亂朝鮮社會中分明的階層（MacDonald, 2020）。有趣的是，《屍戰朝鮮》的情節與二〇一九年底開始肆虐

COVID–19引發的當代社會危機十分相似。人們被鼓勵留在家裡以防止病毒進一步傳播，而許多人轉向了各種描繪類似流行病的大眾媒體。正如艾瑞克・凱恩（Erik Kain）在二〇二〇年三月的《富比士》文章中所說：

> 在對於COVID–19……的恐懼逐漸上升的同時，收看這個節目其實感覺有點怪。聽到有關新病毒從中國傳到韓國、義大利，然後傳到全世界……然後同時觀賞這個有關殭屍病毒擴散的節目幾乎有種超現實的感覺……在Netflix上收看非常精彩的《屍戰朝鮮》現在確實是一種相當入時的體驗。在此不宜劇透，但你會看到殭屍病毒大流行的開始，以及人們為阻止其蔓延所進行的絕望戰鬥，有點像《驚嚇陰屍路》（*Fear the Walking Dead*）的開頭，但要好看得多。這部影集會以一種奇怪的方式讓你開始慶幸COVID–19只是一種糟糕的病毒，而不是殭屍末日的開端。至少現在還不是，我們還有一線希望之類的。（Kain, 2020）

《屍戰朝鮮》第二季於二〇二〇年三月開播，隨即成了包括新加坡、菲律賓、泰國、香港和韓國等許多國家的Netflix上排名最高的節目（Ryoo, 2020）。Netflix於二〇二一年推出了一部九十二分鐘的特別篇，名為《屍戰朝鮮：雅信傳》（*Kingdom: Ashin of the North*），而且也預計會推出第三季。《屍戰朝鮮》的成功反映出條漫作為ＩＰ引擎如何大大推動了跨國跨媒體性，成為韓流的重要成分。Netflix以韓國條漫改編成《屍戰朝鮮》，這代表原始故事進行了擴充以適應新平台的特色。由此看來，Netflix所進行的跨媒體故事講述不僅包括情節，還包括人物和視覺畫面。Netflix強調有必要擴充原始情節和視覺畫面，藉此開發出改編自原始故事，同時接受擴充來強調視覺特色的文化內容（Steinberg, 2012; Scolari, 2017）。

Netflix持續開發以條漫為基礎的跨國文化改編作品，韓流在娛樂領域中的形式也因此出現了巨大變化。二〇二〇年上半年，Netflix宣布將推出一部新的原創作品，名為《殭屍校園》，由千成日編劇（Kang, M. J., 2020）。《殭屍校園》描繪了一群被困在學校裡、面臨巨大危機的高中生，殭屍病毒於其四周像野火般蔓延。該劇改編自朱東根創作的著名條漫《殭屍校園》（*Jigeum Woori Hakkyoneun*），這部條漫在印尼、泰國、臺灣和韓國廣受好評。跟隨在Netflix上大受歡迎的《屍戰朝鮮》的腳步，《殭屍校園》成為另一部精彩的韓國殭屍影集，於二〇二二年初上映。《殭屍校園》由JTB Studio的Film Monster製作，二〇二二年一月至二月在Netflix上架後，觀看人數有好幾週蟬聯冠軍（Yonhap News, 2022）。

沃勒（Waller, 2020）曾指出：「事實證明，條漫是豐富的ＩＰ來源，能讓Netflix改編成為原創影集。」

隨著全球文化創作者將韓國條漫改編成數位遊戲和動畫，以條漫為基礎的IP跨國輸出規模超出了原先預期。有個例子是SIU從二〇一〇年開始創作的《神之塔》。這部條漫共有三季，話數高達數百話，全球的閱讀次數已達四十五億次（Orsini, 2020）。這是一部「黑暗奇幻動作條漫系列，以一個男孩（名為第二十五夜）的旅程為中心，他在神秘的塔中奮戰、結交朋友、發現這座塔的運作規則、面對著難以想像的恐怖，並竭力尋找他唯一的朋友」（Crunchyroll, 2020a）：

夜決心與朋友重聚，也踏進了塔裡。這座塔充滿了名為神水（Shinsu）的魔法能量，以及各種不同的物種和群體。這座塔還有嚴格的種姓制度和等級制度，等級的晉升取決於力量和智力。塔內的群體包括塔民，他們是塔內的普通公民；管理者，他們管理普通階級；以及十大家族，他們由吉黑德大王領導並統治整個塔。吉黑德大王是不朽的存在，他很久以前就與塔裡的人們達成了協議。但包括夜在內的非選別人員則不在這些規則範圍內運作，這讓他們成為有可能殺死吉黑德的危險人物。一路上，夜召集了一支隊伍，前往塔頂尋找蕾哈爾……《神之塔》擁有較為複雜的戰鬥系統，以及激烈的戰鬥場景，其受歡迎的明顯原因之一就是動作場面。它作為條漫作品的藝術風格和藝術地

位，進一步強調了這些風格化的戰鬥，所以粉絲可能會期待看到完整的動畫改編作品。（Donohoo, 2020）

二〇一三年，《神之塔》被改編成手機遊戲在Google Play上架。該角色扮演手遊剛上線不久，玩家數就已破億。此外，Line Webtoon於二〇一四年推出了原版《神之塔》的官方英文翻譯，並於二〇一六年改編為英文手遊。

最重要的是，《神之塔》於二〇二〇年四月推出了動畫作品，並在韓國、日本和美國同步播出（Donohoo, 2020）。雖然非日系動漫作品的數量逐漸增加，但韓國條漫改編成日本動畫的例子仍然很罕見。然而，自二〇〇〇年代初以來，許多日本和其他國家的觀眾都開始喜愛韓國流行文化和數位科技，而全球韓流粉絲喜歡條漫本來就不算稀奇，這也促使日本動畫商選擇《神之塔》等作品並將它們改編為動畫（Donohoo, 2020）。

該動畫作品的日文名稱亦為《神之塔》（*Kami no Tō*）。由曾推出《魯邦三世PART5》、《付喪神出租中》和《Orange橘色奇蹟》的Telecom Animation Film負責繪製動畫，而Sola Entertainment則負責該系列的製作。Crunchyroll是一家主打串流動漫的美國發行商、出版商和授權公司，他們於二〇二〇年春季首次在串流平台上推出該作。日文《神之塔》的網站表示，由於原作條漫大受歡迎，該作將在日本、韓國和美國同步發行。Crunchyroll（2020b）在其網站上的介紹如下：

> 摘要：
>
> 攀上頂峰，一切都將是你的。
>
> 塔頂存在著這個世界的一切，而這一切都可以是你的。
>
> 你可以成為神。
>
> 這是關於蕾哈爾和夜的故事的開頭和結尾，蕾哈爾是一個想爬上塔頂看星星的女孩，而夜是一個除了她之外別無他求的男孩。

Crunchyroll和Webtoon Production也正在製作一部改編自孫齊皓和李光洙的作品《大貴族》的新動畫（動作和喜劇類），由Production I.G, Inc. 負責改編（Hodgkins, 2020）。

於此同時，香港蘭桂坊集團在二〇一八年時與韓國電信（Korea Telecom）簽署合作協議，利用韓國電信旗下的KTOON（由KT提供的韓漫平台）所管理和擁有的條漫來開發新的電影和電視劇。蘭桂坊集團計畫拿《Andromate》和《請收養我》（*Iron Girl*）等五部著名條漫來製作大螢幕作品，主攻大中華地區和美國市場（Lan Kwai Fong Group, 2018）。

如今IP已成為全球化最重要的一環，以條漫為基礎的跨國跨媒體性也讓韓流增加了一種新的文化流動形式。數位平台（Naver、Kakao等國家級平台和Netflix等全球性平台）於在地流行文化跨國化中發揮了關鍵作用，這意味著平台化已成為韓流和全球文化產業裡很重要的一部分。林恩（Lynn, 2016, 13）指出，「雖然我們對於一些高聲讚嘆韓國條漫的獨特性或創新性的聲音應持保留態度，但這種媒體的發展速度之快確實幾乎沒有（或根本沒有）人預料到」。

國家數位平台和全球數位平台在跨國文化傳播過程中也扮演著重要角色。因此，當代跨國化可以說是由少數巨型數位平台所控制。正如學者（Li, 2020, 236）所指出的，「故事講述的典範通常被認為是跨媒體策略的中心，因為敘事的生產和消費被認為是推動跨媒體協作的力量」。在這種背景下，跨媒體系統中的每一個單元或碎片——例如漫畫、動畫、玩具或貼紙——都被粉絲看作敘事的一部分來消費，但這種跨媒體消費背後的基本驅動力並不是各種微小敘事，而是將它們連結在一起的宏大敘事或世界觀。不過，近十年來數位平台興起，焦點也開始從內容轉向平台（Li, 2020, 236）。

有趣的是，條漫領域的跨媒體敘事與單一來源多用途明顯不同，因為條漫強調世界觀。粉絲透過多種不同的媒體（漫畫、動畫、電影和遊戲）消費大量的微小敘事片段，以獲得宏大敘事（Steinberg, 2012, 179）。舉例而言，在極多變體和碎片的情況下，以小說、動漫等昔日文化內容為基礎的角色設計，都由製片和影視工作室集中控制，維持了一定程度的一致性（Steinberg, 2012; Li, 2020; 233–234）。

日本之外的紙本漫畫界使用宇宙一詞（韓語為segyekwan）而非世界觀（worldview）（請見Kang, E. W., 2018; Jang, M. J., 2019）。這裡的宇宙指的是故事展開和背景成立的方式，正如在漫威宇宙中可以看到的那樣——漫威漫畫出版的各種漫畫和其他媒體中的故事都發生在漫威宇宙中。例如，鋼鐵人不僅出現在他自己的電影裡，也出現在背景是漫威宇宙的其他電影裡。小說和電影中的人物也透過該宇宙來觀察世界（Kang, E.W., 2018）。包括 KakaoPage 在內的韓國條漫平台和YLAB等條漫製作公司，開發出自己的宇宙來擴充跨媒體故事講述，這意味著他們透過IP擴展原創故事，以創造出電影、電視劇和遊戲等其他文化產品（Kim, H. J., 2020）。KakaoPage決定優先打造類似於漫威宇宙的IP宇宙，這表示該條漫平台計畫開發能把所有以IP為基礎的小敘事聯合起來的故事，並拉長各種以IP為基礎的條漫素材的生命週期（Kim, H.W., 2021）。

IP宇宙的最新例子之一是《勝利號》，該條漫作品於二〇二〇年推出，改編電影則於二〇二一年二月在Netflix上架。《勝利號》是韓國第一部以太空為背景的大片。在電影上映之前，發行公司Merry Christmas和KakaoPage建立了合作關係，透過不同的故事形式來拓寬電影的IP。KakaoPage指出：「《勝利號》從開始發展電影劇本之初，就開創了對其ＩＰ進行投資的先例……這不僅僅是條漫的電影版本，也不僅是電影的條漫援助。我們計畫透過這個ＩＰ建立我們自己的『ＩＰ宇宙』」（摘自Lee, J. L., 2020）。

對此，史坦柏（Steinberg, 2017a）指出，中介平台的興起成功地將內容與平台融合在一起，增加了另一種跨媒體匯流。對韓國文化產業來說，「ＩＰ制度的興起標誌出內容和平台之間的過渡和交匯點。儘管ＩＰ一詞的根源來自智慧財產權，因此與內容的核心地位有關，但提出了ＩＰ概念和模型的是平台供應商而不是內容產業，這令情況變得複雜，因為ＩＰ的譜系和起源，與平台的技術經濟邏輯相一致」（Li, 2020, 237）。

儘管條漫也會輸出成紙本漫畫，但條漫不僅強調媒體匯流，也強調以ＩＰ為基礎的跨國跨媒體性。因此，條漫的跨國化與其他形式的文化內容的跨國化截然不同。

跨國參與式文化與粉絲翻譯

透過條漫迷的翻譯，條漫為參與式文化提供了良好的平台，這是該文化領域主要的跨國活動之一。與其他文化形式不同，條漫明顯融合了文字和畫面。由於這種特色，原文需要仔細翻譯成各種不同的語言，所以翻譯也成為條漫跨國化的重要部分。雖然條漫平台已經有提供翻譯服務，但在很多情況下，官方翻譯推出之前就已存在粉絲翻譯了。

就算有官方翻譯服務，這種跨國參與式文化仍然持續存在。粉絲翻譯可被視為流行文化世界主義（pop cosmopolitanism）的一種形式，它使全球粉絲能夠學習原始文本的文化和語言，從而超越他們自身的當地脈絡（Sung, S. G., 2018）。

很重要的是，我們必須將條漫的粉絲翻譯與官方翻譯進行比較，以檢視粉絲翻譯持續存在的原因及其對跨國參與文化的影響。條漫粉絲與傳統漫畫粉絲有所不同。漫畫書是流行文化製品，但漫畫書又與其他文化物品不同，因為它們的粉絲文化「幾乎完全以物理的、可實際擁有的文本為中心」（Brown, 1997, 26, cited in Stevens and Bell, 2012, 74）。正如學者（Stevens and Bell, 2012, 755）所指出的：「漫畫書向來是對漫畫文本感興趣的社會群體的焦點，將消費者分為讀者、收藏家（粉絲）和投資者。此外，那些只消費衍伸產品（例如漫畫電影或電視版本）而不消費實際文本的人，不被視為狂熱分子。過去，為了以可信的方式自稱為漫畫迷，一個人必須實際擁有他或她讀過的漫畫書。」不過，條漫粉絲不需要擁有任何實體書籍或商品，他們大多會關注跨媒體平台上的條漫實踐——意思是他們喜歡以條漫為基礎的大螢幕文化，並且會比較條漫和大螢幕文化內容。

條漫幾乎完全是在網路上以數位方式創作和發表，這使得它們可以輕鬆透過條漫平台在全球範圍內傳播。條漫具備的許多特點，包含其數位格式、很容易便能連載、擁有廣大全球受眾和專門粉絲群，這都「讓它們可以輕鬆轉譯為跨媒體作品」（Castillo,

2016）。正如韓流所表明的那樣，韓國文化內容的翻譯已成為全球青少年文化的一部分，其中主要的粉絲活動就是翻譯。與韓國流行音樂的粉絲一樣，條漫粉絲也為向當地受眾介紹流行的韓國產品做出了貢獻。例如，BTS能夠「向國際聽眾傳達訊息」有部分要歸功於「粉絲翻譯，他們是韓國流行音樂粉絲群中不可或缺的一部分……為了讓英語粉絲能夠立即理解翻譯內容，我們投入了大量的精力。雖然粉絲翻譯很大程度上是無償的工作，但由於團體的文化內容輸出難以預測，粉絲在一天中花在翻譯上的時間從幾分鐘到十個小時都有可能」（Kelley, 2017）。甚至在條漫平台正式進入全球漫畫市場上提供條漫服務之前，全球條漫粉絲就已開始翻譯條漫並與其他粉絲分享（Jang, W. H. And Song, 2017）。許多條漫已經被一些條漫平台翻譯成多種語言。然而，翻譯成其他語言通常是透過粉絲的參與文化來完成（Sung, S. G., 2018）。

不過，翻譯過程也顯示出粉絲翻譯和官方翻譯之間的一些差異，因為粉絲和數位平台的翻譯方法不同：前者通常希望保留原始含義和表達方式，而後者則希望在語言上讓條漫擁有混雜性。例如，《看臉時代》是由朴泰俊創作並繪製的條漫，於二〇一四年十一月開始在Naver Webtoon上連載。故事圍繞著一名高中生展開，他可以在兩個身體之間切換——一個又胖又醜，另一個則擁有好身材與俊俏臉孔。Naver Webtoon於二〇一七年六月正式開始將條漫翻譯成包括英語在內的多種語言。然而在英語版本中，許多角色的名字從韓文名字改為常見的英文名字：朴玄碩翻成丹尼爾（Daniel），李鎮成翻成羅根（Logan）、朴荷娜翻成朴柔伊（Zoe Park）、李鎮成翻成查克（Zack）、美珍翻成米拉（Mira）。此外，該平台還將條漫中的貨幣從韓元更改為美元。

顯然，Naver正在用混雜策略來吸引全球市場中的英語使用者。然而，粉絲們對這些官方翻譯並不滿意，並使用原始名稱和脈絡來翻譯《看臉時代》。許多條漫粉絲認為修改韓文原文會削弱他們作為粉絲的認同，以及條漫的認同。粉絲們特別關心狀聲詞，即在語音上模仿他們所描述內容的字詞。正如將尹胎鎬的《苔蘚》翻譯成英文的富爾頓所指出的：

> 狀聲詞一直都是挑戰。我們是否要將狀聲詞（ŭisŏng'ŏ）羅馬化或使用英語對應詞？例如，為了表示機動車輛的聲音，包括引擎和車輪在路面上的聲音，尹胎鎬使用「booooong」。我們按原文使用了羅馬拼音，這讓我的一位學生問我們為什麼不使用英語的「vroooom」。這是個好問題。翻譯韓文中形容動作而非聲音的詞（ŭit'aeŏ）時也涉及類似的決定，例如「hoek」表示突然的動作。在這種情況下我們選擇了羅馬拼音，認為無論如何發這個詞的音，字首字母H所需的送氣音可能會讓讀者聯想到類似的送氣詞，例如「whoosh」或「whirl」。（Fulton, 2019, 2236）

條漫平台還提供了其他結合官方和粉絲翻譯的譯文。換句話說，韓國條漫平台試圖透過提供多語言翻譯、與全球漫畫公司合作等方式走向全球，這是典型的全球在地化策略。最著名的翻譯網站之一是Webtoon Translate（二〇二〇），這是群眾外包翻譯服務，粉絲可以合法將他們喜愛的條漫翻譯成各種語言，並與全球讀者分享。該網站清楚解釋道，其存在是為了提供一個地方，讓人們可以使用其他語言向更廣泛的受眾，介紹自己喜愛的條漫並分享內容。因此，該網站不允許進行與作者意圖不同的翻譯。該網站要求任何翻譯都必須傳達原作者的意圖和脈絡。截至二〇二〇年五月十九日，全球粉絲已在Webtoon Translate上自願將九十四部條漫翻譯成多種不同語言，其中包括《大貴族》（三十二種語言）、《神之塔》（三十二種）、《衝鋒衣》（*Wind Breaker*，三十二種）和《庫佩拉》（*Kubera*，三十一種）。超過八千五百名粉絲和近九十組團隊參與了翻譯。例如，二〇二〇年六月Webtoon Translate表示：「《SAVE ME》現已可供翻譯。」而Webtoon Translate（二〇二〇）則在通知部分顯示：「我們在Webtoon Translate中新增了一部新的條漫。《SAVE ME》現已可供翻譯！……由於地區政策的原因，《SAVE ME》的粉絲翻譯不開放官方條漫已發布的語言。」許多翻譯者會用條漫角色來當帳號的虛擬角色，並無償翻譯他們最喜歡的條漫。粉絲可以用任何他們想要的方式參與：翻譯、校對或編輯字體格式。不過，團隊翻譯只對某些群體開放。

全球韓國條漫粉絲參與線上活動，共同消費條漫、共同理解條漫文化，並吸收其他文化資訊。翻譯是全球條漫迷參與文化最重要的形式之一（Sung, S. G., 2018）。全球條漫粉絲強調描繪出在地認同的原始文本和原始品味的重要性，並不贊同在條漫平台管理的翻譯過程中失去文化真實性。同時，數位平台也整理並挪用了粉絲翻譯，進一步推動了條漫的平台化。換句話說，粉絲翻譯清楚揭示出粉絲文化，與以粉絲為免費勞動力的條漫平台商業模式之間的衝突。

如上所述，許多粉絲自願翻譯條漫，因為他們想保留作品的原始意義和想法。這些粉絲透過參與來獲得社群感。在這方面，有學者（Mansson and Myers, 2011）認為，粉絲身為活躍的使用者，很喜歡在社群媒體上分享他們的翻譯作品，因此會興致勃勃地工作。也有人（Hardt and Negri, 2004, 110–111）認為，情感勞動會「產生或操縱諸如輕鬆感、幸福感、滿足感、興奮感或激情之類的感覺」。對於這些作者來說，線上活動（包括粉絲翻譯）是情感的一種形式。包括韓國流行音樂翻譯在內的韓流粉絲勞動之主要特徵是「透過粉絲的產消合一者（prosumer）活動」來進行無償情感勞動（Sun, 2020, 391）。

然而我們必須了解，社群媒體活動中的粉絲參與，是數位平台明確或暗地發起的一種剝削形式。粉絲的時間和精力並沒有得到補償：換句話說，他們提供了免費勞動力（Fuchs, 2010; Andrejevic, 2011; Jin, D. Y.; 2015b）。為條漫翻譯的粉絲們被商品化了。情感勞動當然有一些正面的面向。然而，正如泰拉諾瓦（Terranova, 2000, 33）所言，「同時自願付出且不拿工資、享受卻也剝削他人——網路上的免費勞動包括建立網站、修改軟體套件、閱讀和參與通訊論壇，以及在多人網路遊戲（multi-user dungeons, MUD）中建立虛擬空間」。粉絲勞動將條漫變成了「對於共同創作滿懷熱情、競爭激烈」卻又「充斥無情的資本化」的場所（Tai & Hu, 2018, 2372）。她（Terranova, 2000, 37）還認為：「免費勞動就是文化的知識性消費被轉化為過度生產活動的時刻，人們愉快擁抱這些活動，卻也常常遭到無恥剝削。」條漫翻譯中情感勞動的自願參與，已經轉變為商品化過程，意即粉絲翻譯被條漫平台商品化了。

粉絲文化並不是只有被動地遭到數位平台利用而已。然而，條漫平台免費使用粉絲勞動在文化上是不正確的。在粉絲文化中，粉絲勞動「提取出多重粉絲認同，這些認同包含了條漫情感經濟中多層次的創造性參與」（Sun, 2020, 403），而資本主義條漫平台則有策略地利用粉絲勞動，擴大其條漫在全球文化領域中的知名度和利潤，這兩者之間的衝突仍持續加劇中。粉絲在文化生產和消費中理應獲得認可，條漫平台必須提供粉絲必要的工具、空間、資金補貼等支持，粉絲文化才能蓬勃發展。

條漫領域的混雜性與文化認同

關於條漫跨國化的過程有兩個不同但相關的理論看法需要討論：條漫的真實性和全球在地化。多項韓流產品（包括電影、電視節目和流行音樂）的成功已經證明，文化產業和製作人需要制定全球化策略來吸引外國觀眾。透過韓國文化與其他文化的混雜，在地文化內容或許能滲透到全球文化市場。然而，正如上文簡略討論過的，條漫和以條漫為基礎的跨媒體化興起的主要特徵之一，就是反映出當地思維和認同的文化真實性。雖然我們不能否認文化混雜之必要，但也應該強調在地認同的重要作用，因為條漫獨特的世界觀是其成為跨國跨媒體素材的主要原因。

首先，與其他強調韓國在地文化和全球文化混雜的文化形式不同，條漫強調的不是混雜性，而是條漫創作者創作的各種故事中內含的韓國認同。這並不意味著條漫不採用混雜性。由於韓國條漫是跨國消費的商品，條漫公司不斷在國外制定出在地化策略，培養當地族群創作新式條漫。這是跨國消費和全球在地文化再創造的一個明顯例子（Jang, W. H. And Song, 2017）。條漫平台繼續將混雜性作為其主要的全球化策略之一。例如，在日本，Kakao將《梨泰院Class》的名稱改為《六本木Class》，因為東京的六本木是一個以俱樂部和夜生活聞名的地區，與首爾的梨泰院相當。易西斯（Yecies, 2018, 135）認為，條漫在中國得以成功是因為「使用了將條漫『去韓化』的關鍵策略，主要手法是將韓國原創元素改編並轉化為中國文化內容」。

對此，KakaoPage執行長李縝洙（Lee Jinsoo）在接受熱門報紙採訪時表示：「漫畫界的主要趨勢是奇幻類。正如日本著名漫畫《七龍珠》沒有國籍一樣，KakaoPage的《我獨自升級》也沒有國籍。我們明確推行在地化策略」（Park, M. J., 2020a）。然而，條漫的混雜程度相對有限，因為條漫的主要優勢在於其獨特的故事，這些故事都奠基於韓國歷史或當代社會。

事實上在全球條漫市場中，韓國條漫得以流行並不是因為消除了韓國性，而是因為其強調在地認同。例如，當Netflix的條漫改編作品《屍戰朝鮮》播出時，許多人馬上因為其代表的韓國特色而受到吸引，他們立刻喜歡上了朝鮮笠（gat，朝鮮王朝的傳統帽子），這種帽子是兩班（yangban）和書生（seonbi）在戴的。二〇二〇年二月，加拿大溫哥華英屬哥倫比亞大學社區中心舉辦慶祝農曆新年的活動時，有人拿出了一頂朝鮮笠，極受在Netflix上看過《屍戰朝鮮》的加拿大人歡迎。

另一個典型案例是Lezhin Comics的條漫《我與田螺先生》（*The Lady and Her Butler*），該漫畫受到韓國著名寓言《小姐與管家》的影響。這部條漫描繪了一名會做各種家事的男子和一名女子的浪漫故事，二〇一八年時在美國受到極大歡迎（Lim, K. U., 2018）。在這部條漫中，當一名破產無家可歸的男子提出負責家務作為暫住家裡的交換條件時，女主角秀禾同意了。她發現這名男子把一切都準備好了，提供親手做的晚餐、乾淨的床單和熨燙好的衣服。秀禾最終愛上了他。美國漫畫通常僅限於動作或驚悚類型，但受到歡迎的韓國條漫不同，它們包含有關於日常瑣事的各種類型（包括日常、搞笑、愛情故事等）。舉例而言，美國社群圖書編目網站Goodreads上，有位評論者說：「這是一部仍在連載的漫畫，但我只想給它打五顆星，因為我一口氣看完了所有可供閱讀的章節，這部漫畫太可愛了，我邊看邊叫，大笑不已！！！我很喜歡。」另外一則評論表示：

這部漫畫應該被視為創作浪漫愛情故事的正確方式，在各方面都令人驚嘆、相當完美。我認為這個故事之所以如此成功是因為角色很真實，他們以真人的方式思考，他們行為的原因和動機既可信又容易理解。你知道，秀禾之所以不想要男人出現在她生活中，不是因為一些糟糕的感情經歷，也不是因為『所有男人都是豬』之類的那種原因。她不想依賴男人，是因為她在生活中看到了些什麼，因為生活對她和她母親所做的一切，以及她們如何以截然不同的方式來處理。這是現實生活中很可能發生的事，能夠引起共鳴。

同樣地，大多數外國人都會喜歡展示出韓國認同而非混雜語言的條漫。條漫平台和條漫創作者得了解，如果要打入全球文化市場，比起擺脫文化真實性，將其保留下來更為重要。

從結構上來說，條漫韓流推動了不同形式的全球流動和混雜性。條漫產業透過成品條漫的材料輸出（甚至在系列連載完結後印刷為紙本漫畫）、數位平台和應用程式的進步，以及與全球OTT平台合作創建跨國跨媒體故事講述，滲透到外國文化市場。它也發展出全球參與式文化，條漫的翻譯即為一例。在韓國取得巨大成功後，漫畫產業的數位平台公司（包括Naver、Daum和Kakao）已策略性滲透至亞洲和西方其他國家的市場。條漫被認為是能夠吸引海外漫畫讀者和粉絲的下一代文化內容（Park, H. K., 2014）。

韓國的市場規模相對較小，隨著條漫愈來愈受到外國讀者的歡迎，現在似乎是韓國條漫供應商走向全球的最佳時機。條漫能夠在韓流傳統中發展出國際影響力，因為用於欣賞韓流內容的主要工具是數位科技，而數位科技推動了數位韓流。由於數位平台的無所不在，行動、網路化的文化消費模式已成為條漫，乃至韓流跨國流通的預設模式。正如學者（Lamarre, 2015, 96）所指出的：「這肯定是因為多媒體形式已經成為日常活動（以跨平台工作和交流的形式）和消費（現在每種產品似乎都需要多種媒體版本）常見的一環。」換句話說，條漫的跨媒體、跨國發展過程得到了數位平台的大力支持。數位科技不僅是能在全球範圍內提供在地內容的工具，該科技本身也構成了重要的內容，韓國智慧型手機科技及其許多應用程式在全球的滲透就是例證（Jin, D. Y., Yoon and Min, 2021）。條漫平台（無論是獨立的條漫入口網站還是巨型網路入口網站其下的平台）在韓國條漫的國內和全球發行中都發揮了主導作用。

在數位平台的推動下，韓國條漫產業發展出一種新的文化生產模式。條漫產業不僅加入現有韓流，也改變了韓流趨勢，因為其除了強調數位韓流，還要將目標區域擴展到歐洲和北美，以及發展ＩＰ化跨媒體故事講述。條漫格式對於許多全球漫畫讀者來說仍然不熟悉，但韓國條漫產業透過條漫和基於ＩＰ的跨媒體，擴大了其全球影響力。換句話說，條漫已經實現了一種愈來愈以ＩＰ為基礎的新的文化流動形式。因此，我們可以預期以ＩＰ為基礎的韓流將成為韓流的下一階段。這個新階段的基本特徵是透過條漫講述獨特的故事，這些故事有時是混雜的，但在許多情況下保持原汁原味。同樣，韓國條漫注重當代或歷史的獨特性。韓國經驗引起了全球青少年的共鳴，他們在自己的國家也有類似的經驗。條漫的全球化顯示出，文化流動的焦點已從混雜性轉向文化認同。

結論

本章討論並分析了條漫如何成為韓流主要文化形式之一。與電視節目、電影、流行音樂、數位遊戲等其他現有文化形式不同，條漫在整體韓流中具有先進且獨特的特色。包括條漫在內的韓國漫畫出口數量持續成長，速度與韓國電影產業的出口數目相當，其中大部分成長要歸功於條漫。雖然紙本韓漫的受歡迎程度有所下降，但網路條漫在二十一世紀初期卻迅速擴大了其全球影響力。

全球各地已發展出獨特的形式來接受條漫，而條漫則以各種方式出口到國外市場。由於人們在行動平台上欣賞條漫，國內條漫平台改進了其全球平台和應用程式，全球用戶下載這些平台創建的條漫應用程式來欣賞韓國條漫。全球粉絲也將韓國條漫翻譯成其他語言。換句話說，許多全球條漫粉絲在智慧型手機等行動裝置上欣賞韓國條漫，並進一步享受全球的參與式粉絲文化。

最重要的是，韓國條漫平台也更多使用跨國跨媒體故事講述的全球媒體和文化公司，製作以條漫為基礎的大螢幕內容，例如電視節目、電影、數位遊戲和動畫。特別是，多家條漫平台近期與全球最大的OTT服務平台Netflix合作，生產以條漫為基礎的文化內容。Netflix如今會向全球觀眾推出《屍戰朝鮮》這樣的文化內容。這顯然意味著對外出口的概念因條漫而改變了。與主要出口成品和策畫文化活動（例如韓國流行音樂表演）的其他文化產業不同，條漫結合了各種形式的全球影響力，從成品內容的出口到使用跨媒體故事講述。正如日本動漫所展現的（Ohsawa, 2018），韓國條漫擁有跨媒體故事講述、媒體匯流、迷人的幻想世界和粉絲活動等特色——所有這些都融入了歷史上或當代的韓國社會——正等待全球受眾的消費。

人們對條漫的全球影響力存在一些擔憂，主要是因為許多國家的盜版猖獗（Kim, B. S., 2018）。由於很多國家尚未發展出合法的條漫讀者群，韓國條漫創作者和條漫平台不僅失去了收入，也失去了創作機會。數位盜版是阻礙合法條漫業務，以及其他主要文化領域（包括音樂和電影）進一步發展的最重要因素。尖端數位科技帶來的巨大變化增加了IP侵權的規模和影響。有鑑於條漫領域中的創新設計是一種非常重要的平台開源形式，IP對於設計師和企業來說變得非常重要，因為平台總是追求獲得巨額利潤。韓國需要精進數位科技，以便在國內和全球範圍內保護創意免受數位盜版的侵害，如此一來，韓國不僅可以增強其作為文化產品出口國的角色，還可以從國內平台和智慧財產權中獲益。

6 條漫創作者的社會文化面向

這些年來，有些條漫創作者取得了巨大的成功，建立了忠實的粉絲群並擁有可觀的年收入。正如第二章所討論的，許多韓國年輕人都想成為條漫創作者，並夢想能像尹胎鎬（《未生》的文字作者和條漫創作者）一樣出名。有部分人確實成功成為著名的條漫創作者，但對於大多數人來說，成為著名的條漫創作者並不是什麼實際的夢想。儘管如此，有抱負的藝術家仍將受歡迎的條漫創作者視為榜樣和成功的象徵。因此，許多條漫迷、業餘條漫創作者和媒體學者，都很有興趣了解成功的條漫創作者的職涯發展和軌跡、培訓過程和工作條件。

大多數條漫創作者屬於下列兩類人之一。第一類是起初在韓漫領域中工作的創作者，經過學徒制培訓成為專業漫畫家，然後隨著數位科技和條漫平台的快速發展轉向條漫領域。另一類則是沒有任何漫畫經驗的年輕條漫創作者。從職業生涯開始，這些創作者就直接在條漫平台上創作和發表他們的作品，包括Naver上的挑戰漫畫和Daum上的漫畫世界。無論是從韓漫轉向條漫，或是從職涯一開始就浸淫在條漫中，條漫創作者都受到了一些知名條漫藝術家的巨大影響。

目前還沒有出現對條漫創作者的學術分析，只有零星的媒體報導而已。為了檢視條漫產業的幾個重要面向，本章主要探討的是過去十五年來最成功、最有影響力的條漫創作者之一的尹胎鎬。二〇一九年六月，我在溫哥華英屬哥倫比亞大學舉辦了一場名為「數位媒體時代的亞洲跨媒體故事講述」的國際會議，並邀請尹胎鎬先生作為主講人，談論他作為條漫創作者的成功職涯和洞見。大約有一百名學生和二十名發表者來到市中心校園裡一間擁擠的教室裡聽他的演講。

尹胎鎬先生在兩個小時的講座和問答環節中發表了題為「韓國條漫：歷史與未來方向」的主題演講，討論了各種在他處不容易聽到、引人入勝的內幕故事。在主題演講前後的深入訪談中，他也分享了自己對條漫世界的經驗、想法和洞見，特別是他和我討論了條漫創作者在產業中的地位。他的演講和這些訪談可以讓我們從條漫創作者的角度，了解條漫產業的社會文化運作方式，包括工作保障、工作條件，以及年輕人進入條漫世界的方式。

在本章中，我首先會介紹尹胎鎬先生作為漫畫藝術家和條漫創作者的生活，以及他最受歡迎和最成功的條漫。其次，我記錄了尹先生的主題演講，但我將他的演講重新組織為幾個主要的次分類，以便讀者能夠清楚理解演講中出現的重要主題。其中有主題演講的摘要，以及我的一些簡短發言來澄清尹先生的觀點並提供脈絡。請留意，我的介入僅是為了澄清尹先生的發言，而不是破壞或重新詮釋之。最後，我根據對尹先生的採訪，討論了他作為頂尖條漫藝術家的角色，為讀者提供一個吸引人且有趣的視角來檢視條漫創作。我希望這份對一位頂尖條漫創作者主要特質的獨特紀錄，能夠啟發關於韓國條漫創作者作為新文化偶像的批判性討論，以及條漫創作者對數位文化（包括跨媒體故事講述）的洞見——我希望這能夠推進圍繞著數位時代文化生產的批判論述，也能讓有抱負的條漫創作者獲得對於該行業的新觀點。

尹胎鎬的韓漫和條漫

出生於一九六九年的尹胎鎬創作了多部條漫，包括《苔蘚》（二〇〇八至二〇〇九）、《未生》（二〇一二至二〇一三）和《萬惡新世界》（二〇一〇年至今），都是相當成功的作品。這使他成為有抱負的漫畫藝術家和條漫創作者的榜樣。自出道以來，尹先生的傳統紙本韓漫作品和網路條漫作品都獲得了許多粉絲的好評。隨著如《Yahoo》（重新詮釋韓國近代史；一九九八）、《苔蘚》（以主角父親在安靜村莊裡死亡為開場的血腥驚悚故事）、《未生》（以令人感同身受的方式描寫上班族的生活與奮鬥）等條漫作品相繼出版，尹胎鎬了成為韓國頂尖的條漫創作者之一，贏得多項獎項和認可，包括二〇一二年大韓民國內容大獎中的總統獎（Literature Translation Institute of Korea, 2014）。除了個人的成功外，尹胎鎬也會指導年輕條漫創作者，並定期嘗試協助新進藝術家。例如在二〇一四年的一次論壇上，他對年輕漫畫家提出了這樣的建議：「創作自己的內容是漫畫家成功的最佳途徑。我一直對年輕的漫畫家說，他們需要專注於創作自己的內容，但他們應該對此保持謹慎……如果他們的圖畫和故事夠好，最終會被改編成電視劇或電影。如果漫畫家成功描繪出感動每個人的原創內容，那便是創意的真實例證」（quoted in Baek, B. Y., 2014b）。

尹胎鎬的職業生涯中值得注意的是，他在開始以條漫創作者身分獨立工作之前，於韓漫產業學徒制度中的經歷。自從開始他的條漫創作者職業生涯後，尹胎鎬便成立了Nulook（一家漫畫內容管理公司，代表姜草和周浩旻等人），並擔任韓國漫畫協會主席。有趣的是，尹胎鎬也投資了Wisdom House於二〇一七年推出的新條漫平台Justoon，目前正在研究區塊鏈作為吸引投資者開發新金融資源系統的方式。因此，尹胎鎬是一位成功的條漫創作者、商人、管理者和有遠見者。當然，他的嘗試並非全部成功。然而，即使他的努力沒有成功，也為其他條漫創作者和條漫平台提供了寶貴的經驗教訓。

一九九三年，尹胎鎬在月刊Jump雜誌上連載《非常著陸》（*Pisang ch'angnyuk*），正式出道。在此之前，他的作品曾八次被出版社拒絕，這並不是罕見的事。[1] 通常，人們對他們的第一部作品最感到自豪，但尹胎鎬認為自己發表的第一部作品是垃圾。二〇一三年，他在接受一家熱門報紙採訪時（Ki, S. M., 2013）表示：「這個故事很糟糕，圖畫也太俗艷了。」他指出，「故事情節是成功的關鍵。『我當時太傻，以為只要閱讀別人的作品就能學會寫一個精彩的故事。』有了這個啟示，尹胎鎬改變了他的自我訓練方式。為了深入探討如何寫出一份好的原稿，他逐字抄寫了一九九〇年代熱門韓劇《沙漏》（*Sandglass*）的劇本」（Ki, S. M., 2013）。此後，他創作了二十多部重要條漫。尹胎鎬對磨練技藝的不懈努力與各種社會文化力量密切相關，例如韓國社會中根深蒂固的高度競爭和強烈的職業道德。

漫畫家與條漫創作者尹胎鎬的主要作品

- 一九九三《非常著陸》（비상착륙）
- 一九九六《獨居丈夫》（혼자 자는 남편）

- 一九九六《舞者》（연씨별곡）
- 一九九七《燕氏別曲》（춘향별곡）
- 一九九八《Yahoo》（야후）
- 一九九八《海雲學院》（열풍학원）
- 一九九九《水上的孩子們》（수상한 아이들）
- 二〇〇一《古怪生活》（발칙한 인생）
- 二〇〇一《羅曼史》（로망스）
- 二〇〇六《海妖》（故事）〔싸이렌（스토리）〕
- 二〇〇六《巴里公主》（영혼의 신，바리공주）
- 二〇〇七《苔蘚》（이끼）
- 二〇〇八《你當時也在》（당신은 거기 있었다）
- 二〇〇八《環遊世界》（주유천하）
- 二〇〇九《塞提》（세티）
- 二〇一〇《領導者聯盟）（리더스 유나이티드）
- 二〇一一《萬惡新世界》（내부자들）
- 二〇一二《未生》（미생）

- 二〇一三《仁川登陸作戰》（인천상륙작전）
- 二〇一四《松樹》（파인）
- 二〇一五《未知規畫局》（알 수 없는 기획실）
- 二〇一六《未生II》（미생 시즌 2）
- 二〇一七《起源》（오리진）
- 二〇二〇《魚鱗》（어린）[2]

其中有幾部條漫曾被改編為大銀幕內容，包括《青苔：死亡異域》（電影，二〇一〇年上映）、《未生》（電視劇和電影，二〇一四年上映）和《萬惡新世界》（電影，二〇一五年上映）。許多大眾媒體和學者都稱尹胎鎬為韓國漫畫產業的先驅或領導者。《韓國日報》（H. K. Lee, 2016）認為他是最著名的條漫創作者之一，也是協助形塑當今漫畫文化的人，並表示：

> 他是引領黑白紙本韓漫過渡到條漫的先驅。他第一部大受歡迎的線上連載作品是謀殺懸疑條漫《苔蘚》，該作中的世界令人不寒而慄。這部經典偵探作品的故事情節受到哥德文學的啟發，講述了一個人揭開父親死亡真相的旅程，於二〇〇八至二〇〇九年推

出後在網路上引起轟動。尹胎鎬因在作品中刻畫出韓國社會的真實樣貌而聞名。二〇一二至二〇一三年，他在Daum上發表的第十二部條漫《未生》獲得了十億次點擊率。韓國年輕人對條漫中描繪的辦公室政治產生了共鳴，對主角作為企業基層員工的生活表示同情……尹胎鎬鼓勵有抱負的條漫創作者繼續開發原創內容，並表示這是漫畫家取得成功的最佳途徑。

因為尹胎鎬替韓國漫畫產業注入新生命所做的努力，有學者（Yi, 2019, 55）認為他「是新數位生態中的韓國漫畫改革者」。

最重要的是，尹胎鎬的條漫觸及了許多嚴重的社會文化問題（包括不公、腐敗和社會不穩定），並且持續描繪社會和經濟層面上缺乏能見度的族群及其艱苦的日常。他在條漫圈發揮著舉足輕重的作用，對於快速發展的韓國產業的看法和洞見，能提供獨特的視角。

接下來的幾個段落是尹胎鎬的主題演講和採訪，主要討論他的職業發展和對於條漫的看法。

主題演講：在前條漫時代成為漫畫家

在二〇〇〇年代初之前，書籍形式的漫畫都是以各種雜誌上出版的漫畫為基礎。漫畫家和漫畫出版社需要吸引那些在閱讀漫畫雜誌後，想要購買漫畫書的讀者。只要在雜誌上閱讀了一段漫畫，人們往往就會購買漫畫書，包含那些收錄所有話數的漫畫。在那個年代裡，成為漫畫大師的門下弟子非常重要。當年如果要成為漫畫家，就必須接受並通過這種師徒制的嚴酷訓練。

於是，我在二十五歲那年拜師當時最著名漫畫家之一的許英萬，開始了我的職業生涯。雖然我沒有在雜誌上畫過漫畫，但許先生慷慨地收我為徒，因為他相信我的潛力。當然，我當時曾經多次拜訪他的工作室，想要成為他的學徒，這並不容易，因為許多年輕的漫畫家也正在競爭這個位置。[3]

進入學徒制體系並不保證你一定能成功；你必須熬過漫長、艱苦、無聊的訓練過程。年輕的漫畫家一旦成為漫畫大師的學徒，就必須接受至少七年的訓練才能開始畫漫畫人物的臉。更詳細地說，學徒在第一年裡只能畫主角的頭髮。第二年裡只能畫非人物的主題，例如樹木和花朵。接著，他們要花五年時間畫人物的身體或一些背景素材。換句話說，他們在第一年的時間裡只畫些白色的線，或是黑色的頭髮，然後得畫很多年的草地、汽車和建築物的背景。在此期間，學徒也能畫人臉以外的身體。因為角色（當然是人臉）占漫畫的七〇％，弟子們需要經過漫長的訓練過程才能畫出非常精緻的面部表情——笑臉、哭臉、喊叫的臉。

那些非常想成為漫畫家的人都想拜師知名漫畫家，觀賞老師的畫，看看老師是如何建構故事情節和人物。然而，我沒有等七到十年，而是選擇離開了許英萬的工作室，因為我無法學會他畫畫的方式。有的弟子經過十年的修練也學不會師父的技術，這會讓弟子的處境變得十分艱難。

與漫畫體系相比，條漫創作者不須忍受這種既定、繁瑣的訓練過程。由於有些條漫創作者沒有經過正式的學徒生涯就一舉成名，許多想成為平面漫畫家的人立刻改變主意，決定成為條漫創作者。只要有一定的天賦和技巧，許多前一天還在讀別人條漫的人在一兩天後就可以成為條漫創作者，無需參加十年的培訓計畫。當然，這種成為條漫創作者的新方式也有些負面影響。例如，沒有經過培訓的條漫創作者可能無法應對最具挑戰性的情況，而訓練有素的弟子會理解這個過程，並且可以相對輕鬆地克服一些困難。

如何在二十一世紀裡成為條漫創作者

二〇〇〇年代初期，既沒有創作出紙本漫畫也沒有獲得學徒地位的漫畫家，開始在個人網頁上發布自己的畫作。包括金風（Kim Poong）在內的一些人，在職業生涯早期就是以這種方式成名。在紙本漫畫時代，漫畫家需要技巧。因此，像許英萬這樣的大人物培養出來的人通常會被選中來為雜誌繪製漫畫。然而，隨著網路的發展，一些如金風、姜草和李末年這樣並沒有經過學徒訓練的漫畫家也能成名。於是，漫畫界的後起之秀開始更加關注條漫。

當然，只有少數條漫創作者能夠成名並賺到大錢。我開始創作並發表《苔蘚》，這讓我在二〇〇七年一月時成為最古老的條漫網站之一Mankick的首席條漫創作者。其他一些早期的專職條漫創作者也曾在Mankick上發表他們的作品。當然，這不是什麼幸福快樂的故事。我剛開始連載《苔蘚》時，根本沒有人讀。每話都只有三到四個讀者發表評論，我有次收到十九條評論——迄今為止最多的評論——但它們主要是來自我的太太和我認識了一段時間的熟人。

那時候，已經有好幾個條漫創作者成名了。例如，姜草的作品平均每話會得到約一千五百則評論。我心情鬱悶，想了很多。當Mankick因財務原因關閉後，我在Daum上連載了《苔蘚》，這成為我條漫生涯的轉捩點。最後，很多人開始閱讀並喜歡這部作品，在Daum上發表《苔蘚》後的三個月內，有十八家電影公司找上我。這無疑表明，許多條漫作品是條漫創作者於Daum和Naver等幾個主要入口網站上發表作品後，才開始引人注意。

後來，當我發表《未生》時，就有許多電視製作人和遊戲開發商透過各種方式找我。他們之中有些人試圖提出改編成電視作品時可以找的演員來吸引我。甚至有一位韓國大型電視台SBS的電視製作人也帶著一位作家來見我。不過，我決定與有線電視頻道tvN的製作人金元錫合作。他和我討論了很多關於主要角色的事，我相信我們對跨媒體故事講述的過程有一些共同的想法。例如，與其他導演和製作人不同的是，我們沒談到男主角與女性角色之間的愛情線。這就是我將《未生》改編成電視節目的過程。

回到新媒體環境下想成為條漫創作者的問題，此事仍不容易。想成為條漫創作者比以前更困難。因為很多人都想成為條漫創作者，所以如今的條漫創作者自己提高了標準。以韓國為例，各大學全部加起來大約有二十個漫畫系，每個系每年會培養出四十到五十名本科生。畢業前，他們會在首爾的弘益大學舉辦畢業展。展覽期間，Naver、Daum等條漫平台的人都會來招募未來的條漫人才。許多還是大學生的條漫創作者都希望能進入Naver、Kakao和Lezhin工作。但他們也知道，由於競爭非常激烈，自己可能無法如願。所以有許多無法進入這些大型平台工作的人，開始製作成人（即色情）條漫來賺錢。

跨媒體故事講述：一切都關乎錢嗎？

我現在想強調的是，條漫其實不是免費的。相反地，因為跨媒體講述故事的緣故，條漫從來都不是免費的——就算以前的條漫創作者並沒有從條漫入口網站處獲得報酬。在紙本漫畫時代，如果漫畫不受歡迎，漫畫公司會放棄該作以節省空間和紙張。漫畫公司過去常常在首次發行兩週後，丟棄所有庫存的漫畫。可是條漫會隨著時間過去不斷獲得點擊量，其中一些作品最後會引起大螢幕製作人的注意。

更具體而言，以前許多條漫創作者在發表條漫時，沒有獲得金錢上的報酬。然而，「免費」根本不是免費，因為有些條漫最後還是能替創作者賺錢。例如，條漫一旦在Daum發布，就會永遠留在平台上，這意味著它們是「活的」。條漫發表後，會持續有讀者點擊作品並發表評論。電影導演和電視製作人等大螢幕製作人也會瀏覽這些條漫，並探討跨媒體作品的可能性。重要的粉絲還有遊戲開發商和音樂製作人，他們也是能夠將條漫轉化為其他文化形式的創作者。條漫也有可能進一步製作成角色和表情符號。

合約的性質也出現重大變化。當我開始在Daum上發表條漫時，每部特定的條漫背後都是同一份簡單的商業合約。然而，二〇一〇年代末的條漫創作者有了更多類型的合約，包括版稅合約等。條漫平台也試著保護智慧財產權，有時是為了自己，有時也是為了創作者。

以前的漫畫家透過漫畫書的銷售來賺錢。相較之下，條漫的商業化則截然不同。與紙本漫畫不同，擁有獨特故事情節、生動視覺畫面和多樣化風格類型等主要特徵的條漫，在平台上很長壽，這可能帶來了比紙本漫畫更多的機會（請見Jin, D. Y., 2019a）。幸運的是，Lezhin和早期的Daum和Naver不同，他們開始支付條漫創作者費用，這現已成為漫畫產業的一種新的商業模式。當Lezhin開始付給條漫創作者每月總計高達兩億韓元的費用時，Daum和Naver也開始支付條漫創作者費用了，雖然數字並不夠高。截至二〇一八年六月為止，市面上大約存在著四十個條漫平台，其中包括Daum、Naver和Lezhin等一些非常成功的平台。包括Daum在內的幾個平台也開始為了我所創作的條漫原稿而支付費用給我。《未生》曾經在某些高峰期為我帶來每週十萬美元的收入。

雖然這些條漫平台在拓展市場方面確實發揮了關鍵作用，但它們也帶來了負面效應。最主要的一點，有許多平台主打成人／色情條漫，以吸引比其他平台更多的讀者。換句話說，這些平台之間的競爭導致色情或類色情條漫變得猖獗。這傷害了很多條漫公司，最終也傷害到條漫創作者。許多平台創立者的夢想是能在股票市場上市。然而，股市不允許專注於色情類型的條漫平台上市，這意味著一些平台很難獲得外部投資。

數位時代裡火力全開的跨媒體故事講述

以條漫為基礎的跨媒體故事講述一直蓬勃發展，然而在這種新改編形式的早期階段並沒有帶來利潤。條漫創作者姜草早期改編成電影的條漫就是很好的指標。正如姜草的《純情漫畫》（二〇〇三）、《傻瓜》（二〇〇四）、《詭公寓》（二〇〇四）等作品所佐證的，許多影視創作者在二〇〇〇年代初開始關注條漫。然而，由於這些電影沒有取得商業上的成功，當時的影視創作者對於改編條漫成為電影和電視劇一事持謹慎態度。

幸運的是，我自己的條漫《苔蘚》的電影版是由非常著名的電影導演康祐碩製作。改編電影《青苔：死亡異域》非常成功，吸引了三億四千萬名觀眾。這大大推動了條漫和以條漫為基礎的跨媒體故事講述的發展。後來，《偉大的隱藏者》（二〇一三）成為票房收入最高的條漫電影之一，吸引了七億八千萬名影迷。這完全改變了人們對於以條漫為基礎的跨媒體故事講述潛力之看法。

因此，現在許多條漫創作者計畫出版條漫書籍，同時在平台上連載自己的條漫。現在的年輕人不常買書了，但他們經常付費閱讀手機上的內容。然而，習慣閱讀漫畫書的成年讀者仍然會購買紙本漫畫。《未生》的紙本書在頭三週內就賣出了一千一百萬本。網路版本的《未生》比較晚才問世，而人們等不及要收看下一話。這就是為什麼內容包含完結篇的紙本條漫很受歡迎。

由於這種新的商業模式，條漫創作者發展出精巧的技術來分割每個段落和每一話。因為智慧型手機版的條漫不會顯示下一話預告，想要看下一話的讀者就必須購買紙本條漫才能同時閱讀所有內容。當然，由於有些條漫創作者渴望最大化自己的收入，條漫的品質並不總是有所保證。

條漫的全球夢

有鑑於韓國國內市場小且已經飽和，條漫產業的另一個主要議題是全球化。條漫在世上許多地區都愈來愈受歡迎，韓國條漫特別在日本、中國和臺灣等東亞地區廣為人知。例如，《未生》曾出口到中國、臺灣和日本，光是在日本就賣出了十萬本。

條漫在一些亞洲國家也被非法複製。例如，周浩旻所寫的《與神同行》在一些國家就遭到非法仿冒。在中國，許多作家都重畫了這部條漫，他們使用周浩旻寫的同一個故事。與韓版相比，他們的角色比原版條漫中的角色還要漂亮可愛得多。

然而，出於某些原因，西方國家尚未接受條漫。有幾個因素阻礙了條漫的全球化，其中主要的一個是缺乏翻譯技術。翻譯需要大量的時間和金錢，而翻譯條漫則需要保留生動活潑的畫面。然而，大多數譯者無法創作出吸引西方讀者的譯文。Naver試圖透過將其一些條漫翻譯成幾種不同的語言，想藉此打入西方市場，但這樣做卻耗費了大量資金。翻譯品質一直都是個大問題。許多條漫使用大量流行語，這一點非常重要。然而，非法翻譯通常無法譯出這些吸引年輕人的獨特語言。Daum深知高品質翻譯的重要性，他們花了約一千萬美元進行翻譯。條漫平台在日本設有分部，正努力吸收日本條漫創作者進入韓國市場，以便他們能從一開始就彼此合作。

此外，由於盜版猖獗，條漫創作者無法充分享受全球化帶來的益處。幾年前，當我去德國法蘭克福參加書展時，有一群瑞士人來找我。我並沒有發表任何瑞士人可以讀的德文、義大利文或法文作品。但因為有非法網站，他們很熟悉我的條漫作品，但沒有意識到這些條漫是盜版。違反版權的問題一直都很嚴重。儘管姜草對中國漫畫市場一無所知，但我們還是收到了他的條漫在中國被盜版的消息。在韓國，四百萬的每日瀏覽量代表姜草的條漫大受歡迎。然而在中國，他的盜版條漫的每日點擊數高達四千萬。這表明條漫創作者最重要的潛在市場之一已經因盜版而遭到破壞。國內外的非法網站都傷害了韓國條漫產業。Lezhin的淨損失達一千四百萬美元，主要就是因為這些非法網站。曾經付費閱讀的人們如今不再付費，因為他們在非法條漫平台上就能讀到相同的條漫。

由於盜版問題的嚴重性，韓國政府於二〇一八年四月宣布「聯合打擊分享盜版內容的海外網站」。政府開始開發技術來阻止非法網站複製和提供條漫，例如「兔子之夜」（The Night of the Rabbit），該網站使用外國伺服器來提供包括條漫在內的許多內容。「兔子之夜」非法刊登了大約一千五百部韓國條漫系列作品。盜版內容正在動搖數位內容產業的基礎（Yoon, Y. S., 2018）。根據韓國著作權保護院（Korea Copyright Protection Agency）統計，數位內容版權遭到侵犯所造成的損失金額，已從二〇一五年的一兆〇七百億韓元增加到二〇一七年的一兆兩千億韓元。條漫產業相關人士表示，「盜版網站只花了兩小時就盜走了創作者細心創作的條漫新作，但私人公司的應對能力有限……亟需採取技術和政治上的措施，阻止那些擁有國外伺服器而能夠繞過國內法律、侵犯版權的盜版網站」（Yoon, Y. S., 2018）。

尹胎鎬專訪

本章中的這一段落是我在尹胎鎬的主題演講之前和之後，與他進行的個人訪談。我們在一家咖啡館裡談了兩個小時，討論他作為重要條漫創作者的經歷，以及他對跨媒體故事講述的願景。有部分內容與他的演講重疊。演講結束後，我們再次短暫碰面，又討論了幾件事。在本節中，我試圖強調其他主要問題來避免與演講內容重複。

陳：您出版了許多相當有趣且深受歡迎的條漫。除了條漫之外，您最大的嗜好是什麼？這些嗜好與您的工作有關嗎？

尹：我喜歡旅行，因為我需要一些不尋常、未知的經驗。因此，我的旅行與我的下一部條漫作品的願景和計畫密不可分。例如，一部條漫結束後，我會去一些地方旅行，曾經去過格陵蘭、南極、阿拉斯加。我把所有的精力都花在創作條漫上，每季結束之後我都筋疲力盡，需要休息一下。不過，這些旅行也讓我學到了許多新的東西。我去過的地方提供了新的想法。我的嗜好和我的工作密切相關。[4]

陳：您為什麼會成為條漫創作者？

尹：主要是因為市場環境。我以前畫的是一般漫畫，但市場衰退了。當時許多創作者都認為，由於數位科技的角色日益重要，是時候成為條漫創作者了。尤其是我從傳統漫畫界踏入條漫世界的時候已經三十多歲了，當時有許多新的畫家都紛紛投入條漫市場。如果要改變職涯轉投條漫，那就是我最後的機會了。

陳：當您從傳統漫畫家轉職為條漫創作者時，哪一種媒體是最重要的？

尹：新舊媒體之間的數位融合是主要的問題。然而，智慧型手機的角色實際上在二〇一四年左右開始變得重要。在那之前，人們仍然使用個人電腦來閱讀條漫。當時，條漫應用程式非常少，這阻礙條漫在智慧型手機上繁榮發展。近年來，出現了許多吸引條漫讀者的應用程式。手機使用者的比例迅速提升，成為主要讀者，目前約有七〇%的條漫讀者使用智慧型手機來連上Daum和Naver。一旦人們因為便利和匯流而開始使用智慧型手機，他們也開始在智慧型手機上欣賞條漫（請見Jenkins, 2006）。

陳：現在的條漫創作者認為自己透過跨媒體故事講述成為大銀幕文化的一部分。您怎麼看呢？

尹：這是不可避免的。隨著跨媒體轉型日益流行，條漫創作者也需要考慮協同效應，意思是我們在創作新的條漫時必須牢記這一現象。這不是一個拿來判斷好壞的問題，它已成事實。然而，我們要思考的是條漫和電影的主要特徵。對於電影來說，時間是自動而強力的。在電影院裡一旦開始看電影，就必須看到最後。條漫則有所不同，因為讀者可以選擇：他們可以向下滑動頁面或選擇不滑動。他們會在某個時間點上停止閱讀他們最喜歡的條漫，然後再回來繼續閱讀。這意味著條漫創作者必須滿足條漫式的特色，而不是總在考慮大螢幕元素。如果條漫創作者無法滿足條漫式的特徵，其作品就無法成為大銀幕作品。

陳：有些條漫創作者或公司會根據多種目的來創作條漫，意思是他們在發表條漫的同時也會立即開始製作電視劇或電影。

尹：的確有些條漫創作者採用這種模式。然而，他們都沒能取得商業上的成功。條漫和大螢幕形式不同。條漫一旦出版，電視製作人和電影導演就可以對其進行改編，以發展大銀幕文化。條漫創作者有很大的自由和創意來創作、畫出新的東西。然而，一旦他們在電影或電視公司要求下創作條漫，他們的想像力便有可能會受到限制和控制。自由創作文化產品和在限制下開發文化產品有很大的不同。如果條漫創作者根據合約來創造文化產品，他們的作品就會變成商品，而不再是文化產品。

陳：您為什麼不自己導演電影呢？

尹：電影導演必須擁有全能之力。我覺得自己不具備那樣的導演素質。電影導演必須和音樂總監、舞台導演，以及演員和工作人員合作。因此，他們必須有能力控制和激勵這些工作人員和演員。作為條漫創作者，我可以控制自己的作品，但無法有效控制其他環節和參與者。我想先創作自己喜歡的條漫，而不是大螢幕作品。

陳：有一些條漫被改編成電視劇和電影，像是《未生》和《萬惡新世界》。還有《與神同行》在電影方面也取得了巨大成功，儘管這不是您的作品。上述改編電影的情節和結構都被修改過，您怎麼看待這件事？

尹：雖然我們作為條漫創作者擁有原始權利，但一旦將版權出售給電影公司和電視公司，我們就無法介入大螢幕作品的製作過程。正如他們無法介入我們的創作過程一樣，我們也無法控制他們的過程，這點很重要。此外，我們還必須避免不必要的參與風險。條漫改編作品的成敗，應由其製作者全權負責。

陳：在您的條漫中，最讓您難忘的作品是哪一部？

尹：就是《未生》，因為我很努力地投入創作過程。我沒有在一般公司工作過，對上班族的生活一無所知。這從一開始就是個不可能的任務。為了收集素材，我聯繫了幾家大型的貿易公司，但他們拒絕了我。因此，我只得找在中型貿易公司工作的人，他們提供了很多必要的資訊。

陳：您剛剛完成了《未生II》的第一部。這部新的條漫和前作《未生》有什麼主要的不同呢？

尹：《未生》是關於完美的實習生和上班族。但新的《未生II》是關於小公司的老闆。作為一名上班族，你的生活由公司決定；而作為一家小公司的老闆，你必須決定一切。在大公司裡，你只是龐大系統中的齒輪，這意味著你的情感和感受並不重要。在小公司裡，每個人都了解彼此的生活和感受。因此，在小公司裡的生活充滿情感。你的個人性格很重要。在這部條漫中，我打算描繪出老闆與員工之間詳盡而複雜的關係。

陳：您打算將它擴展成大銀幕形式嗎？

尹：我將在今年冬天開始創作第二部。tvN會把它製作成一部戲劇。不過，雖然我有將作品進行跨媒體改編的想法，我仍試著專注於創作一事。

陳：您最近的跨媒體故事講述案例是《萬惡新世界》，但您並沒有講完這個故事，您還打算完成這部作品嗎？

尹：當我創作這部作品時，我想成為一個不斷從我們的社會中學習的條漫創作者。例如，每當我寫一些社會議題〔比如江南左派（Gangnam leftists）〕時，[5] 我都會努力研究、深入了解，並添加一些虛構的戲劇化情節。然而，當我畫到這部條漫作品的結尾時，畫中角色和我本人之間存在衝突。我覺得自己比作品中的角色更保守，因此我無法完成它。我沒有完成這部作品的意願，因為它已被製作成電影。雖然非虛構的部分沒有完成，但電影導演非常喜歡虛構的部分。這是一個在政治上相當敏感的議題。但是，由於只有少數人在看這部條漫，所以沒有什麼外界壓力。

陳：就像在《未生》和《萬惡新世界》裡一樣，您持續探討一些嚴肅的社會問題。背後有什麼原因嗎？

尹：漫畫是一種紀錄，這意味著條漫不得不反映出它們所處時代的社會文化特徵。我個人在一九九〇年代的光州長大，見證了一些社會運動。那些經歷成為了我個人性格的基礎，也反映在我的條漫中。

陳：作為一名條漫創作者，您對漫畫家的福祉非常關心。這背後的主要原因是什麼？

尹：漫畫產業的周邊環境已出現許多變化。過去，一些大型漫畫公司和漫畫界大師控制著漫畫家。但在二〇一〇年代裡，條漫創作者在各種平台上發表他們的創作，這些平台必須公平、透明地對待畫家。與這些平台簽約時，必須尊重條漫創作者。例如，他們必須有足夠的時間仔細檢查合約、接觸合格律師、使用法律服務。

陳：您如何看待當代的條漫產業？

尹：條漫產業正在指數性成長中。截至二〇一八年六月，大約有四千名條漫創作者正在努力創作和發表他們的作品。這些創作者能使用的條漫平台大約有四十個。在二〇〇九至二〇一〇年間，只有兩三百名條漫創作者。條漫產業已經大幅擴張，成為主要的文化產業之一，而這種成長將持續下去。

陳：對於條漫產業來說，最重要的課題是什麼？

尹：對於條漫世界而言，最重要的課題是尋找外國市場。韓國國內市場已經飽和了。因此，如果不開拓全球市場，條漫產業無法進一步擴大。韓國條漫創作者並不是唯一的參與者。日本的漫畫和中國的漫畫也在瞄準全球市場。因此，如何在全球舞台上與這些文化生產者競爭是我們必須思考的重要問題。

陳：您能說明一些打進全球市場的特定策略嗎？

尹：若要打進全球市場，重要的是要開發能反映出普遍觀點的條漫。像漫威電影《復仇者聯盟》和《鋼鐵人》等作品的成功，取決於它們描繪的普遍主題，包括家庭問題、友情和個人的悲傷，吸引了廣大觀眾。儘管它們是英雄電影，但人們之所以去電影院觀賞，是因為其中有一些他們能產生共鳴的共同之處。同樣地，為了吸引全球觀眾，韓國條漫創作者必須畫出每個人都能感同身受的主題和問題。換句話說，條漫創作者必須具備洞察力，以吸引全球觀眾。儘管繪畫能力很重要，但理解當代社會的能力也非常重要。

陳：對於新加入的條漫創作者，您有什麼建議？

尹：其中一個最重要的部分是永續經營。創作條漫需要投入大量的情感，但條漫創作者需要控制自己的情感以持續維持工作品質。例如，許多條漫創作者很容易受到人們對他們作品的評論影響。一些年輕的條漫創作者太急於看到作品取得成功，而沒有控制自己的節奏。當人們歡呼時，這些條漫創作者太想要滿足觀眾，超出了自己的能力，這會傷害他們的創意和永續性。

陳：身為漫畫協會的會長，您可以提供哪些體制方面最重要的支援？

尹：我們必須看到兩個不同的面向。政府必須提供必要的法律和財務措施來支持藝術家。特別是在同一部條漫的第一部和第二部之間的休刊期間，剛入行的條漫創作者可能無法賺到足夠的錢。我希望政府為他們提供一些保障，讓他們可以繼續進行創作。

陳：作為條漫公司的經營者，您認為對於條漫產業來說，最重要的議題是什麼？

尹：我想強調區塊鏈作為一種新的商業模式的重要性，因為我很關心區塊鏈技術。網際網路透過其開放性和普及性為每個人提供了一些機會。然而，透過併購，只有少數有限的入口網站和商業巨獸控制著網路相關的市場。在區塊鏈時代，我相信條漫公司和條漫創作者可以透過去除中間商來共享利益。儘管仍可能有少數巨獸控制市場，但當公司和創作者共同合作時，我們仍有希望享有透明和合作的互利。

具體而言，我打算在條漫產業中使用區塊鏈技術，以籌措資金支持新進條漫創作者和條漫的發展。為此，最重要的是要撰寫一份吸引投資者的白皮書。而創建良好的條漫創作者檔案將成為關鍵，因為這份檔案會展示他們是誰，以及他們可以開發出什麼。我仍在考慮細節，因為ＩＣＯ（Initial Coin Offering，首次代幣發行；這是一種籌集資金的機制，新計畫能以底層加密代幣換取比特幣和以太幣）的方法需要謹慎決定。例如，我打算創作一部名為《南極》（*South Pole*）的新條漫，並且必須決定我所需的總金額。因為我要造訪南極並在那裡長時間逗留，所以我需要確保有足夠資金。為此，我將會解釋自己要如何創作這部條漫，也要說明分配利潤的方式，包括來自後續電影或電視劇的利潤，這並不容易。

ＩＣＯ是一種相對新的商業模式，但正迅速成為主要的風險投資模式。我相信一些條漫創作者或公司能夠成功地在區塊鏈上使用ＩＣＯ，所以我正在與律師商量此事。就像網路最初發展階段一樣，許多人對這種新形式的投資機會非常感興趣，我必須認真思考此事對我的作品和公司的影響。

結論

條漫已成為最新、最重要的數位文化形式之一，韓國條漫則成了國內和全球跨媒體故事講述的原始素材。隨著智慧型手機快速滲透到社會之中，漫畫產業已將焦點從雜誌漫畫和漫畫書轉向網路條漫。尹胎鎬作為條漫領域的先驅之一，創作出許多反映了當代韓國社會中社會文化衝突的人氣條漫，最終，這些作品被改編成大螢幕的文化產品。許多業餘條漫創作者都希望成為下一個尹胎鎬，這有部分是因為他在改善條漫和以條漫為基礎的跨媒體故事講述時所做出的貢獻。同時，大螢幕文化創作者正試圖製作以條漫為基礎的電視節目和電影。然而，正如尹胎鎬所強調的，重要問題——包括非法盜版、高品質翻譯人才匱乏，以及成人類型條漫的增加——繼續傷害著條漫世界和條漫的跨國化。因此，條漫產業必須牢記避免過度商品化和商業主義，而韓國政府和條漫平台則需提供可靠的媒體環境來幫助創作高質量的條漫。

7 條漫的新展望

二十一世紀初期，韓國不僅成為條漫的誕生地，也成為其中心。條漫代表了韓國創造的第一個文化產品和第一種數位文化。它出現在韓國文化領域中還不到二十年，便已成為一種主要的文化形式。作為獨特的數位文化，條漫深深吸引了許多尋求新式文化的韓國人。受韓國條漫的影響，其他國家（包括美國、日本和中國）近年來也開始發展條漫。作為文化內容的條漫非常適合數位時代，因為打從一開始就以數位化方式製作，目標也是在數位平台上上傳、傳播和消費，特別是透過智慧型手機科技。條漫「遵循電視劇和報紙漫畫連載的特點，會定期更新（通常是每週一次），但在線上環境裡，作者和讀者之間的互動更加自發且直接」（Pyo, Jang, and Yoon, 2019, 2162）。

韓國年輕人在二十一世紀初開始閱讀條漫時，人們認為這是一種小眾文化，並假設只有少數年輕人會讀條漫。然而，條漫現在已打進主流娛樂領域（Choi, J. W., 2020）。主要讀者是十幾歲和二十幾歲的年輕人，但那些在條漫發展初期渡過年少歲月的二十後半和三十多歲的人，甚至是一些比較年長的人，也都喜歡閱讀條漫。

在過去二十年裡，由於條漫的韓國國內讀者和全球讀者都大幅增加，韓國政府希望條漫產業能成為下一個主要的高品質內容生產者，並已開始將條漫作為跨媒體故事講述的媒介（Kim, M. S., 2015; Ministry of Culture, Sports and Tourism, 2019）。直到最近，韓國政府才開始為條漫產業制定出確實的支援機制。不過隨著條漫確立其在文化和數位經濟中作為內容寶庫的地位，政府也逐漸增加對條漫產業的支援。例如，考慮到條漫作為IP引擎而日益重要的角色，政府增加了對條漫行業的財政補助，同時制定措施以限制非法活動（Yecies et al., 2019; Ministry of Culture, Sports and Tourism, 2019）。

隨著條漫日益普及，韓國本地的文化產業已開始將注意力轉向條漫，將其視為獨特的文化內容和跨媒體故事講述的原始素材。許多韓國的文化創作者都開發出以條漫為基礎的的文化產品。包括 Netflix 在內的許多全球文化公司和平台，也都對韓國條漫作為新的原創改編內容來源感興趣。因此，韓國的條漫平台和條漫創作者更多地以IP為基礎來滲透外國市場，他們完成的文化產品數量也大幅上升。例如，Netflix 的原創系列《屍戰朝鮮》和 Crunchyroll 的動畫《神之塔》都是以韓國條漫為基礎的作品。《勝利號》的電影和條漫在二〇二〇年幾乎是同時製作完成，但由於 COVID–19 的影響，電影《勝利號》延到二〇二一年二月才問世，改由Netflix發行上架，而非如原定計畫在院線上映。以條漫為基礎的跨媒體故事講述不僅開始超越了文化創作的單一來源多用途模型，還透過創造出跨媒體宇宙來推動另類ＩＰ的創建，引起了各國文化創作者的關注。

以全球範圍而言，條漫確實正乘著韓流的浪潮前進。韓漫產業最初是韓流中最小的文化領域。然而，由於條漫傳播全球，韓漫產業已經變得與韓國電影產業規模相當，對外出口以指數成長。全球許多觀眾都可以閱讀由粉絲或條漫平台翻譯成各國語言的韓國條漫，並欣賞以條漫為基礎的大螢幕文化內容。

條漫還擁有各式各樣的商業模式、製作和傳播方式、類型和主題，以及條漫創作者。條漫在全球文化舞台上扮演的角色日漸重要，能見度也增加了，更促使人們對文化生產和平台化過程產生新的觀點。韓國的條漫開創並發展出重要的青少年文化，其中包括零食文化和追漫文化；隨著人工智慧和虛擬實境日漸重要及整個產業的成長，條漫也將持續發展。

因此，條漫雖然看似只是數位文化的一個小小案例，但卻大大改變和影響了各種文化產業。作為一種新興且日益重要的數位文化，條漫已經改變了整個韓國文化領域，也從根本上改變了各種文化產業的商業典範。由於條漫的重要性在全球文化舞台上持續快速增長，其作為一種全球青少年文化形式，在數位文化領域中的影響力也不斷增強。

在最後一章中，我將總結一些主要發現，並延伸討論數位文化的一些重點——特別是與跨媒體故事講述相結合的平台化和跨國性——來探討定義當代韓國條漫的幾個重要特徵。最後，我將提出一些關於條漫的理論和實踐意義的結論。

作為數位文化的條漫

全球年輕人消費習慣迅速轉變，從以家庭為中心的集體文化消費，變成個人在筆記型電腦、個人電腦和智慧型手機等個人數位設備上進行文化消費。藉由使用這些數位科技，年輕人可以自己享受各種流行文化。正如「網路條漫」這個詞指出的，條漫是數位科技和流行文化的結合。因此，它們既是媒體匯流的新形式，也是吸引全球青年且能夠代表當代文化活動的無縫文化內容（seamless cultural content）的一例。不同於以印刷書籍形式流行的傳統漫畫，條漫可以在線上閱讀。由於條漫文化和數位平台科技的成長，個人化的文化消費已經愈來愈多、範圍愈來愈廣。

智慧型手機上還有其他形式獨特的數位文化，包括手機遊戲。然而，條漫與其他由智慧型手機驅動的數位文化有很大的不同。條漫也許不是智慧型手機上第一種數位文化，但條漫是針對智慧型手機設計並進行改良的重要文化形式。條漫的直式版面非常適合智慧型手機，因為人們可以用手機輕鬆滑動往下閱讀條漫，時間和空間上都沒有限制。直式版面讓條漫創作者變得自由，因為他們能在沒有什麼阻礙的情況下發揮自己的創意。

與革命性的條漫相比，手機遊戲並沒有展現出顯著的媒體滙流特徵。手機遊戲玩家習慣玩簡單休閒、通常可以在任何地方玩的遊戲，每局遊戲會花三到五分鐘。因此，手機遊戲可以歸類為另一種零食文化的形式。然而，一旦人們開始玩手機遊戲，他們就必須在一定時間內完成遊戲以進入下一關。相較之下，閱讀條漫的人就算必須暫時放下條漫，也能直接重拾上次的進度。因此，條漫比手遊更有彈性，帶來的壓力也更小，因為沒有競爭。條漫象徵著人們可以靈活和便捷地享受個人數位文化。

作為一種零食文化的形式，條漫吸引了愈來愈多讀者的注意。條漫粉絲主要是基於條漫的文化特點而喜歡上這種新的數位文化形式。條漫代表了迅速變化的當代韓國社會。有些條漫主打奇幻故事，有些條漫強調無國界的世界觀。不過，條漫的主題和類型主要是聚焦在根植於韓國歷史或當代社會的在地文化上。近年來，韓國經歷了大規模、雲霄飛車式的變化，如政治、經濟和社會文化的轉變，許多韓國青年面臨著多重困境。他們可能沒辦法進入好大學、難以在缺錢的狀況下完成大學學業、畢業後找不到工作，或是因房價飆升而找不到地方住。許多二十幾歲的大學畢業生不得不從事兼職工作，這可能會讓他們的生活變得困難。許多韓國青年覺得自己是失敗者，而條漫描繪出他們的困境。只要付出小額的費用，他們便能享受含有易於產生共鳴的角色的條漫。

條漫強調當代韓國年輕人的社會文化經驗，這是該產業能成長的主要原因之一。許多條漫藝術家在創作故事時會使用自己的經歷，這常能引起讀者共鳴。美漫和日漫常聚焦於動作英雄，條漫則不同，最受歡迎的條漫是那些論及貧困、網路霸凌、自殺、青年失業、社會不公和家庭暴力等社會文化問題的作品（Jung, H. W., 2015），使條漫成為青少年和青年間最重要的數位文化之一。

如前所述，條漫大大影響了追漫文化的發展。追劇和追漫是全球青年的新趨勢。隨著千禧世代和Z世代改變他們消費文化的方式，條漫平台也利用了不斷變化的媒體生態──Netflix推動的追劇即為一例。千禧世代和Z世代似乎不想坐等文化內容，而是希望在有時間的時候就能消費文化內容。這意味著讀者常會留出一些時間來追文化內容。從手機遊戲到OTT和條漫平台，數位平台不僅推動了新的商業模式，還加強了追漫、追劇與無節制地狂玩手遊等現象。條漫平台利用人們的空閒時間、缺乏耐心和手上的行動裝置這些特點來賺錢；而條漫的獨特之處在於它利用追漫的行為來獲利。條漫的主要特點，與觀眾或消費者開始以新的形式消費文化一事密切相關。因此，條漫創造出一種不只韓國青年會消費、全球青年也開始喜歡的新數位文化和青年文化。

條漫和平台化

條漫大大推動了文化生產的平台化，進而改變了人們的文化活動。這並不只是微小的變化，而是深刻且多樣的轉變。全球數位平台如YouTube、Netflix和Spotify最初是文化發布者。然而它們如今已發展成為文化生產者，與人們的文化消費密切相關，而隨著消費者在這些平台上享受各種文化內容，文化消費也出現了巨大變化。作為媒體匯流的一種新形式，條漫為全球青少年文化增添了眾多元素。條漫在條漫平台上設計、發表和消費，人們可以即時在智慧型手機上閱讀條漫。這是唯一一種整個文化生產過程（包括實際生產、流通和消費）可以同步在數位平台上實現的數位文化。條漫代表了由「行動網路生態系」（Park, J. Y., 2019, 1）所創造出來的新型內容。條漫創作者「開始專為線上消費量身打造原創內容……充分利用數位空間的新一代條漫帶有聲音和視覺效果」（Kim, M. S., 2015）。隨著各種社群媒體平台的使用和消費者文化口味的轉變，條漫的通路和內容已經變得多樣化。韓國的條漫和條漫平台還深刻改變了全球漫畫市場：「條漫內容和條漫平台代表著在韓國開發的獨特內容類型和發布系統。今日的使用者所享受的是多年來在平台服務、內容供應系統、故事情節和格式等方面不斷改善和轉變的結果。韓國確實在條漫各個面向上都是全球潮流的引領者」（Park, J. Y., 2019, 8）。

二〇二〇年時，一共有超過六十個條漫平台，有些位於大型數位平台旗下，其他則作為以條漫驅動的平台形式來營運。然而，KakaoPage（旗下包括Daum Webtoon）和Naver Webtoon在形塑條漫文化方面發揮了主導作用。數千名條漫創作者在這些平台上發表他們的條漫，超過十四萬人在Naver旗下的挑戰漫畫平台，以業餘條漫創作者的身分發表作品，希望有天能成為職業條漫創作者（Lee, S. G., 2019）。每年都會出現許多受到眾多粉絲喜愛的優秀條漫作品，這主要得感謝條漫平台的角色不斷增強，尤其是那些巨型平台。

更重要的是，條漫文化生產的轉變與條漫的平台化相互呼應。在條漫發展的早期階段，以網路入口網站形式出現的數位平台，主要以條漫作為增加流量的手段：只要有許多人多次造訪他們的入口網站來閱讀條漫，就能宣稱自己是最大或最受歡迎的入口網站之一。透過這種方式，他們的廣告收入便能增加。大型數位平台最終發展出「免費增值」模式，這與消費者追漫現象的增加至少有部分重疊。數位平台大大改變了條漫，從用來提高平台能見度的小眾文化內容，轉變為推動平台發展的主要動力之一。

Naver和Kakao透過新的商業模式、結構變革、跨媒體IP引擎，以及剝削創作者和讀者等企業策略來實現條漫的平台化。其他國際性平台專注於特定的商業模式——如

Facebook的廣告和Netflix的訂閱模式——條漫平台則將其商業模式多元化以獲得最大利潤。正如學者（Li, 2020, 237）所指出的，在過去十年中，隨著各種數位平台的崛起，焦點開始從「內容轉向平台」。

居中協調的數位平台管理著整個文化生產過程。特別是Naver和Kakao強而有力控制了整個媒體生態系。Google、Facebook和Twitter（由廣告支持的社群媒體平台）以及Netflix（以訂閱為基礎的OTT服務平台）等總部位於美國的平台，當然也居中協調了文化生產過程。然而，Naver和Kakao在推動其內部生產體制的同時，也將其商業模式多元化，因此它們作為中介的角色比起全球企業巨獸來得更大且更多元化。學者們（Nieborg & Poell, 2019, 203）指出，「平台化過程具有深刻的政治經濟和基礎結構意義」。韓國條漫平台在文化產業中確立了新的主導地位，並為全球文化市場提供了新視角。

當然，條漫的平台化引起了一些嚴重問題，因為數位平台加強了條漫市場的寡頭壟斷現象。儘管數位平台為文化生產帶來了改變一切的益處，但我們必須明白，這些平台的崛起已構成「二十一世紀資本主義的一群新霸權，新自由主義治理和勞動剝削也隨之加劇」（Kim, J. H., and Yu, 2019, 1）。由於條漫的平台化，這種新型的數位文化迅速了成為當代資本主義的象徵。

走向跨國跨媒體故事講述

條漫以各種方式改變了跨媒體故事講述的概念，並在以韓國為起源的跨國跨媒體現象中發揮了關鍵作用。有些條漫平台已將條漫獲利的方式多樣化，條漫創作者和條漫平台從規畫階段開始密切合作，將條漫運用於各種文化產業。條漫讓文化形式之間的界線變得愈來愈模糊：條漫如今成為了漫畫、網路小說、電視節目、電影、數位遊戲和音樂劇的一部分。基於流行文化和數位科技（特別是數位平台和跨媒體）的匯流，這些文化領域都變得與條漫有關，也因此非常重視條漫。此外，這些文化產業的參與者（例如電影製作公司）現在也自己製作條漫，以便立即將它們運用於大螢幕文化製作中。

條漫大大改變了媒體生態，因為電視、電影和遊戲產業公司都愈來愈依賴條漫。條漫為文化創作者和產業提供了許多新鮮故事。在當代電視節目和電影中，可以清楚看到條漫的跨媒體性。每當人們切換電視頻道時，很有可能會看見一部以條漫為基礎的電視劇。雖然由於COVID–19的影響，近日的製作有所耽擱，但截至二〇二一年初，至少有五部以條漫來改編電影正在製作中。這表示近年來，電視公司和電影製片愈來愈依賴條漫作為素材來源，因為條漫具有原創故事、視覺畫面和堅實的粉絲基礎。條漫已深刻影響了媒體文化產業和媒體文化生產。

條漫也改變了跨媒體故事講述文化。在文化產業中，使用以條漫為基礎的跨媒體形式已成為新的常態，因為這種跨媒體故事講述如今已超越了傳統的單一來源。有鑑於以條漫為基礎的跨媒體故事講述近年的成長，數位平台和條漫創作者從一開始就打算採用多種製作方法。當他們推出一部條漫時，通常也在考慮將其改編成電影或電視劇。

條漫在跨國跨媒體故事講述中發揮著關鍵作用。直到二〇〇〇年代初為止，西方國家的漫畫以及日本動漫一直是大螢幕文化的主要素材。然而，條漫首先在韓國成為電影、電視劇、遊戲和音樂劇的主要新素材來源，後來在許多其他國家也是如此。在美國文化市場中，Marvel漫畫占據了最大的市場分量，其次則是日本漫畫。然而，它們主打特定類型，如超級英雄故事。電影製片一直都需要新的故事，也常常可以在韓國條漫中找到新題材。無論是在韓國本地還是全球各地，條漫的及時出現為文化創作者提供了將其改編為大螢幕內容的新機會。這並不意味著條漫是全球文化創作者最主要的原始素材，也不代表條漫取代了美國漫畫或日本動漫。相反地，條漫吸引了一些大型的全球文化生產者（如Netflix和Crunchyroll），他們持續開發以條漫為基礎的文化內容。由於其多樣化的內容，條漫愈來愈受歡迎。條漫涵蓋幾乎所有風格類別，從愛情到驚悚，從歷史史詩到犯罪故事。由於條漫涵蓋了各種在好萊塢並不常見的主題和類別，因此一些大型電影製作公司都對韓國條漫表現出極大興趣（Choi, I. J., 2020）。

在文化與結構層面上，條漫逐漸改變了跨國文化流動。條漫產業拓寬了韓國文化產業與全球觀眾接觸的方式。韓國文化產業藉由文化成品滲透到其他國家的市場裡，在電視節目、電影或YouTube的韓流音樂中都能看到此現象。然而，條漫使用新的工具來吸引全球觀眾。此外，韓國數位平台在國外建立了子公司。自二〇一〇年代中期以來，Naver、Daum和Kakao都在國外建立了條漫平台或投資外國條漫平台，以擴大其全球版圖。這些海外條漫平台以兩種不同的方式創作條漫：引入翻譯的韓國條漫，或在外國當地開發條漫。

因此，條漫促成了文化出口的轉向，從主要是從西方到非西方國家的向下流動，轉變為從非西方到西方國家的逆向流動。這種新的流動（請見Russu, 2006）之所以能夠實現，是因為韓國首度開發出條漫和條漫平台。條漫在全球文化市場的發展方式與其他文化領域不同，因為條漫是靠著建立全球條漫平台來在韓國之外的地方流通，而不是使用如YouTube之類現有的全球平台。外國的條漫平台試圖將條漫在地化，招募強調本地思維的當地藝術家。因此，這些平台發展出了結構混雜化的現象。正如易西斯（Yecies, 2018, 134）所指出的：「儘管世上的某些地區可能未能及時注意此事，但許多韓國藝術家、機構、政策制定者和垂直整合的媒體公司，一直在推動這種新的數位銀幕與滙流文化，並擴展條漫生態系。」

在很大程度上，有關跨媒體故事講述的研究主要聚焦於故事擴充和風格類別之間的關係（請見Bick 1996; Steinmüller 2003, cited in Beddows, 2012）。在數位媒體時代，跨媒體故事講述已成為「文化產業中的一種常態，它轉移了文化產品的資源，同時提供具備創造性和匯流的想法」（Jin, D. Y., 2019a, 2109）。然而，跨媒體故事講述需要被理解為多重因子之間的複雜關係，其中包括條漫消費者日益增加的角色——他們不僅是條漫讀者，也是以條漫為基礎的大螢幕文化內容的消費者。故事模式、風格類別和市場之間的關係，意味著文化消費者透過參與、設計和回應等過程涉足了跨媒體故事講述（Beddows, 2012）。因此，條漫消費文化的成形，為條漫的文化生產帶來了巨大的影響。

未來方向和新展望

作為一種新型的數位文化，條漫前所未有地影響了整個文化生產過程——包括文化產品的生產、流通和消費。條漫是全球文化產業的下一個前沿，毫無疑問將繼續作為韓國文化產業和青少年文化的重要部分，以及全球文化場景的一環而不斷成長。隨著條漫不斷發展，其作為一種數位文化形式的未來充滿希望。然而，條漫平台和條漫創作者應將幾個元素納入考量，以推動條漫進入下一個進化階段。

最重要的是，我認為條漫平台和條漫創作者應該基於在地認同創作條漫，而不是開發無國界的文化內容。我並不是在主張條漫創作者必須具有民族主義傾向，而是在強調如《屍戰朝鮮》、《梨泰院Class》和《我與田螺先生》等注重在地思維的條漫，在全球市場以及韓國國內往往受到熱烈歡迎。事實上，讓本地條漫在全球文化市場中更受歡迎的首要條件是強調在地品味。條漫創作者無需淡化這個主要特色。韓國社會內建的文化認同和獨特世界觀往往對國際讀者和文化創作者深具吸引力。這應該能鼓勵條漫平台和條漫創作者發表具有在地特色的條漫，而不是混合不同文化想藉此吸引全球觀眾。「愈在地就愈國際」的說法對於條漫平台、條漫創作者以及其他文化生產者來說，相當簡單但強而有力。在電影、流行音樂和電視劇等領域，許多文化產品也因為展現韓國特色，而在全球其他地區大獲成功。例如，由奉俊昊執導的韓國電影《寄生上流》在二〇二〇年獲得了多項奧斯卡獎，這有部分正是因為其描繪出了在地認同。同樣地，許多全球文化消費者都渴望欣賞具韓國特色的條漫，和以其為基礎的大螢幕文化內容。

這並不意味著條漫創作者和條漫平台應該只創作擁有文化特定性的條漫。他們也可以開發更具普遍吸引力的內容，如奇幻和ＢＬ條漫，這樣的作品不強調在地認同，而是專注於全球青年的共通性。各方流行媒體的學者（Choi, I. J., 2020; Park, M. J., 2020a）指出，條漫在全球文化市場的成功在很大程度上依賴全球在地化策略，而文化產業確實需要使用這樣的策略。然而，條漫創作者可以稍微修改原始故事以吸引全球觀眾，而不失去韓國特色。主要關鍵在於文化內容是否能保留並拓展文化認同。條漫創作者和更廣大的文化創作者必須理解在地思維的重要性，這對於條漫的成長至關重要，同時要意識到全球青年也喜歡能畫出讓自己產生共鳴的世界觀的條漫。我相信條漫創造了一個充滿活力的文化領域，在這個領域中，在地思維可以在一個混雜文化中展示、討論並受到尊重；而這份活力有助於推動韓國條漫世界在國內與全球的崛起。

條漫和條漫平台也需要繼續採用多樣的主題和類別，因為一些現有的類別（包括日常、補習班生活和純情）不僅有趣，而且非常引人入勝。與其他韓國文化產業不同，條漫有空間能引入ＢＬ類和日常類等類別。隨著近日的條漫作品透過虛擬實境和擴增實境科技引進特殊效果，條漫創作者也需要拓展他們的領域。與其他文化領域不同，條漫的跨媒體性不僅適用於消費條漫的粉絲，也適用於享受條漫改編大螢幕內容的粉絲，這意味著條漫領域需要使用由媒體驅動的數位生產方式。條漫在實踐上必須加強與跨媒體相關的條漫消費和條漫主題之間的互聯性。如果條漫產業要成為吸引全球觀眾的主要文化形式之一，則需要持續開發新的風格類別和數位科技。

條漫創作者也必須考慮創造獨特數位文化與條漫市場發展之間的平衡。條漫創造出一個新文化所在的世界，因此條漫創作者必須思考這個世界應該要是什麼樣子。對於條漫平台和條漫創作者來說，改善這個世界至關重要——這個世界不應僅是為了獲取利潤而存在，更應該是一個人們可以享受獨特且以在地為焦點的數位文化之文化領域。史坦柏（Steinberg, 2012, 183）參考拉札拉托的研究（Lazzarato, 2004）指出，「當代資本主義的特色不在於創造產品，而在於創造世界」。此外，拉扎拉托（Lazarrato, 2004, 94）也認為當代企業「創造的不是商品主體，而是商品主體存在的世界；創造的不是工人或消費者主體，而是他們存在的世界」（引自Steinberg, 2012, 183）。資本主義的增值取決於這些世界的發展（Steinberg, 2012, 183）。條漫相對較新，條漫創作者應該強調條漫這種文化形式，創造出一個可以作為文化領域——而非利潤領域——發展的新世界的重要性。如果不先理解文化邏輯的重要性，再著眼於利潤，韓國條漫將面臨來自國際競爭對手的真實挑戰。

整體而言，條漫最初作為一種針對智慧型手機改良的純粹零食文化形式出發，從簡單的線上漫畫演變成跨國跨媒體故事講述的主要來源，其文化特色繼續多元發展。由於這樣的特色吸引了全球青少年和大螢幕文化創作者，條漫成為了最具潛力的數位文化之一。雖然條漫不是唯一起源於韓國的文化現象，但它目前在全球文化市場中愈來愈能代表韓國文化領域了。條漫被認為屬於韓國或源自韓國，但也被愈來愈多的全球青年視為他們替自己選擇的文化。類似於在日本與國際上都廣受歡迎的日本漫畫（Kacsuk, 2018, 16–17; see Brienza, 2014），條漫已成為韓國數位青少年文化的重要元素，並展現出在全球其他國家進一步發展的重大潛力。新媒體形式——條漫——所取得的進展可能為整個文化產業領域帶來希望。條漫的設計迎合了智慧型手機的閱讀版面，讓其存在愈來愈普及，並且具有廣泛的吸引力。至於條漫所改編而成的電視劇和電影則被證明是有利可圖的（Martin, 2018, 96）。條漫是跨國文化生產路徑的原型範例。條漫在全球文化生產和消費中的角色日漸吃重，創造出全球許多國家的青少年和青年之間，依靠韓國文化建立情感連結的可能性——甚至可能也延伸至韓國這個國家本身。

致謝

我得誠摯感謝那些在有限的時間內盡力為本書中的圖片提供使用許可的人。我很幸運，在二〇二一年秋季至二〇二二年春季期間剛好能夠休假；這段時間我待在首爾，因此得以直接聯繫能提供使用許可的人。同時，我也對韓國條漫圈有了更進一步的了解。我也要感謝本書草稿與原稿的審稿者，他們以友善的態度接受了我的研究角度，並鼓勵我以更明確的方式確立本書的方向。我一直都非常感謝我優秀的同事，以及不願具名的學術界友人，他們讓這條出版之路變得愉快而具有意義。

最後，我得向本書所參考的兩篇已發表期刊文章致謝。其中一篇是〈零食文化進軍大銀幕之夢：韓國條漫的跨媒體故事講述〉（Snack Culture's Dream of Big-Screen Culture: Korean Webtoons' Transmedia Storytelling），二〇一九年發表於《國際傳播學》（*International Journal of Communication*）第十三期（2094–2115）。另一篇是同年發表於同期刊的〈韓國條漫畫家尹胎鎬：歷史、條漫產業與跨媒體故事講述〉（Korean Webtoonist Yoon Tae Ho: History, Webtoon Industry, and Transmedia Storytelling, 2216–2230）。本書大幅度更新並重新詮釋了這兩篇文章的內容。

註釋

導論

1. 大多數情況下，出生於一九八一至一九九六年之間（二〇二二年時，年齡在二十六至四十一歲之間）的人被視為千禧世代，而出生於一九九七至二〇一〇年代初之間的人則屬於Z世代。
2. 與主要指軍事力量的硬實力相對，軟實力是指「吸引力」，用於「獲得人們想要的結果」，主要在於一個國家的文化吸引力（Nye, 2004, 5–6）。
3. 「跨媒體」一詞是由金達（Kinder, 1991）首次使用。金達使用了「跨媒體文本互涉」（transmedia intertextuality）一詞來定義和討論兒童故事如何轉移到不同形式的媒體中，並呈現不同程度的互動。前綴詞「跨」暗示著通過、向前、從一種狀態轉變到另一種狀態，以及交換的概念。自金達做出定義以來，「跨媒體」一詞通常與「故事講述」一起出現，具有一種特定的言外之意，指基於不同管道和多種語言的敘事被建構起來的方式（Ciastellardi and Di Rosario, 2015, 11）。

第一章　條漫在數位平台時代的演變

1. 在我於二〇二一年十月十三日進行的電話訪談中，該文作者解釋，他是根據AniBS提供的新聞稿撰寫了這篇文章。當時他說：「一些新創公司已經開始使用了『網路漫畫』（webtoon）一詞。」因此，可以確定該詞至少在一九九〇年代中期之前就已經出現。同時，被譽為最優秀韓國漫畫評論家之一的朴銀河（Park In Ha）在二〇二一年十月十三日與我進行的電話訪談中也表示：「該詞可能與將紙本漫畫掃描製成數位形式的過程有關」，這個過程最早是在一九九〇年代中期開始的。儘管他並不確定網路漫畫一詞的確切起源，但他在 Naver 的部落格中聲稱，在本章節後面會提到的《光洙想想》是韓國第一部網路漫畫（Park, I. H., 2021）。

2. 有人認為韓喜作（Han Hee-jak）的《荒島》（*A Desert Island*）是韓國的第一部網路漫畫，該作品於一九九六年發表（Um, M. A., 2018）。然而，這是已出版過的紙本漫畫的掃描版。在一九九〇年代中期，個人電腦變得普及，一些漫畫家會掃描他們的紙本漫畫並將其上傳到網路主頁。

3. 正如已被清楚探討過的（Cho, H. K., 2016），漫畫是一種將文字和圖像交織在一起的媒介。它們最基本的元素是畫格（或畫框）、間隙（畫格之間的空間）、對話氣泡和文字框（或標題）。數十年來，漫畫一直保持著一定的外觀和格式：內部有圖像的方框，根據媒介和語言不同從左到右或從右到左閱讀。然而，條漫是從上到下閱讀的（Travers, 2017）。直式版面所創造出來的最重要差異之一，與間隙在條漫中的作用有關。在傳統印刷漫畫中，間隙在視覺上很單調，通常是畫格之間的狹窄白色空間。然而，在條漫的世界裡，間隙被用來創造多樣化的視覺空間以配合文本。有時間隙所占空間甚至多於畫格本身，並以各種方式增補敘事（Cho, H. K., 2016）。

4. 條漫發展的一個重要里程碑是它們與社群媒體（包括Facebook、Instagram和Twitter）的匯流。由於這些媒體上存在空間限制，有些條漫不強調直式版面或向下捲動。條漫的格式已經產生了變化，其對於改變的開放態度大大促進了數量的成長（Park, G. S., 2018）。雖然直式版面一直是條漫的主要特點之一，但這並不是絕對必要的——這意味著早期並非直式版面的網路漫畫只要具備其他主要特徵，也應該被視為條漫。

第二章　韓國條漫平台化

1. 學者們（S. C. Kim and Lee, 2019）也透過平台化分析了韓國條漫產業的變化，主要關注經濟層面（市場結構）、政治層面（權力關係）和基礎結構。他們討論了條漫文化生產中的重大變化對經濟、政治和社會文化的影響，因為條漫作為文化產業中一個重要的原創故事來源，引起了相當大的關注。

2. Naver還決定向HYBE（以前被稱為Big Hit）的子公司beNX投資約三億二千一百六十萬美元，這家娛樂公司管理著七人男子偶像團體ＢＴＳ。beNX將收購Naver的V LIVE部門。beNX是HYBE的子公司，開發了HYBE直面粉絲的熱門應用程式平台Weverse。Naver和HYBE將打造一個新的全球粉絲社群平台，整合Weverse和V LIVE的使用者、內容和服務。與此同時，Naver將與HYBE和beNX合作，繼續在粉絲社群平台方面保持全球領先地位（Stassen, 2021）。Naver和KakaoPage不只是條漫產業的巨頭，也是娛樂產業裡的巨獸。

3. 由於美國市場的重要性，Kakao於二〇二一年五月收購了Tapas Media這個公司。Tapas是美國成立的第一個條漫平台，擁有約八萬部條漫的內容資料庫。透過收購Tapas，Kakao計畫在美國條漫市場與Naver Webtoon競爭（Oh, D. S., 2021）。

第三章　條漫的數位世界：零食文化與追漫文化

1. 大型入口網站Naver和Daum在二〇一四年之前都提供免費的條漫，但在二〇一四年，Lezhin Comics開始按話收費。KakaoPage和Naver顯然從Lezhin Comics的收費條漫商業模式中學到了一些東西（Park, E. J., 2016）。
2. "Binging Webtoons," Reddit thread, https://www.reddit.com/r/webtoons/comments/axkh96/binging_webtoons/，於二〇二一年五月一日瀏覽。
3. "I Need a BL to Binge Read," Reddit thread, https://www.reddit.com/r/webtoons/comments/g5ochj/i_need_a_bl_to_binge_read/，於二〇二一年五月一日瀏覽。
4. Quora, https://www.quora.com/What-binge-worthy-webtoons-do-you-recommend，於二〇二一年五月一日瀏覽。

第四章　條漫在大螢幕文化中的跨媒體故事講述

1. 在日本，漫畫於過去幾十年間一直都是大螢幕文化的主要素材。例如，水木茂的漫畫中的妖怪（日本民間傳說的超自然存在）變得非常受歡迎，並透過跨媒體擴展轉化為文化產品，如玩具、電影和遊戲。然而，由於缺乏新的點子和題材，日本漫畫，甚至連動畫都已失去動能，不再是日本大螢幕文化中最重要的來源。（Steinberg, 2017b; Lombardi, 2019; Suzuki, 2019）。

2. 這裡所謂的「史詩」主要是指故事的長度。有些條漫的長度可與小說或電視劇相媲美。在某些情況下，當納入所有話數時，一部條漫的長度相當於好幾本書。從個別角度來看，短短幾話仍代表了零食文化。然而，讀完整個故事可能需要幾個小時，甚至幾天的時間。因此，在本書中，「史詩」的含義與個別條漫的主觀質量無關。

3. 在許多情況下，韓國流行音樂歌曲的主題「圍繞著愛情故事、派對，偶爾涉及友誼和日常生活。但是也存在帶有潛在社會經濟和政治意義的歌曲，BTS是其中一個經常將對韓國社會批評融入音樂中的團體。儘管有著語言和地理障礙，BTS在美國非常受歡迎，許多被稱為「ARMY」的BTS的粉絲表示這個男孩團體的歌詞啟發了自己。BTS在整個專輯中藏進關於千禧世代社會問題的訊息，頻繁提到年輕人所經歷的困難，並借鑑了他們在韓國青少年文化中的經驗」（Herman, 2018）。

4. 韓國十五至二十九歲人口（包括兼職工作者）的失業率在二〇二一年七月達到二五・六%，是二〇一五年以來最高的數字（Ku, E. S., 2020）。

5. 隨著愈來愈多的條漫創作者轉向個別類型的條漫（Do, D. W., 2015），「病態品味」逐漸消失，但這種風格的條漫依然影響著文化活動，因為許多年輕人仍舊喜歡這種內容。

6. 格林（Greene, 2019）寫道：「有一個常見的英語說法形容少數擁有特權者是『含著銀湯匙』出生。韓國人則將世界劃分為『金湯匙』和『土湯匙』。這種餐具分類區分了有產者和無產者，為這種普遍情感增添了韓國特色。像世界各地的年輕人一樣，許多年輕韓國人擔心社會流動性正在下降。與其他一些最初被用於蔑視的術語一樣，如今有些土湯匙擁抱了自己身上的這個標籤。」

7. 原文為 Hagwon，指許多韓國學生在正規學校時間以外參加的私立補習班。

第五章　條漫的跨國跨媒體性

1. 網路流行語，指某件事情品味差。當一個人目睹到怪事時也會使用這個詞。
2. 過去幾年來，一些日本漫畫出版社的編輯已經轉到Piccoma和Line Manga，許多日本漫畫也嘗試轉變為條漫形式（Han, C. W., 2021）。
3. 雖然日本公司也嘗試為使用數位科技的美國讀者來開發日漫，但由於翻譯品質低劣，這種計畫存在問題：「批評者們認為根本讀不懂譯文，就像是由Google Translate或Babel Fish翻出來的，而且字體也很醜。這非常令人困擾，因為目前收費價格很高。此外，用幾乎與紙本漫畫相同的價格在手機或電腦螢幕上閱讀漫畫，此事可能無法吸引大多數讀者」（Brienza, 2014, 389）。
4. 韓國遊戲開發公司Action Square在二〇二〇年九月宣布，他們正在開發一款以Netflix作品《屍戰朝鮮》為基礎的新手遊，並與該系列的製作公司簽署了遊戲開發合約（Im, 2020）。
5. Goodreads, “Joli Mamon’s Reviews, *The Lady and her Butler*,”September 6, 2018. https://www.goodreads.com/review/show/2521317670.

第六章　條漫創作者的社會文化面向

1. 在我們的訪談中，尹胎鎬討論了這些被拒絕的經驗和他成為漫畫家的歷程，以及他轉向條漫的經歷。這些主題將在本章後文中討論。
2. 尹胎鎬作品資訊主要來自 Nulook Media（2020）。
3. 尹胎鎬於一九九三年出版了他的第一本漫畫《非常著陸》，這是他拜師許英萬五年之後的事情（SBS, 2019）。
4. 尹胎鎬於二〇二〇年三月開始在Daum Webtoon和KakaoPage上發布名為《魚鱗》的條漫，取材自他在南極的冒險經歷（Kim, H. A., 2020）。《魚鱗》於二〇二二年三月完結。
5. 江南左派一詞「指的是在首爾江南區過著富裕生活，但具有無產階級思想的人。這一開始是嘲諷用語，被用來指所謂三八六世代的矛盾言行——三八六世代是出生於一九六〇年代的韓國人，他們在政治上非常活躍，並在一九八〇年代的民主運動中扮演重要角色。然而，如今此詞的用途更加廣泛……是對思想左派但生活富裕之人的總稱」（Yang, 2007）。

- Yoon, Y. W. (2001). "A Study of the Development of Sunjong Manhwa by Hwang Mina, Kim Kyerin, and Choi In-sun." MA thesis, University of British Columbia.
- *YPulse* (2019). "The 20 Top Shows Gen Z & Millennials Are Binge Watching Now." October 17. https://www.ypulse.com/article/2019/10/17/the-20-top-shows-gen-z-millennials-are-binge-watching-now/.
- Yun, J. H. (2019. "What Is Webtoon?" *Medium*, August 30. https://medium.com/mrcomics/what-is-webtoon-4926929b20d8.
- Zur, D. (2016). "Modern Korean Literature and Cultural Identity in a Pre-and Post-Colonial Digital Age." In *Routledge Handbook of Korean Culture and Society*, edited by Y. N. Kim, 193–205. London: Routledge.

'Kwangsoo Thinking.'" [In Korean.] March 3. http://news.nate.com/view/20090303n12996.

- *Yonhap News* (2017). "62 Percent of Mobile Webtoon And Web Novel Users Are in Their Teens and Twenties." [In Korean.] February 21. https://www.yna.co.kr/view/AKR2017 0221026800017.
- Yonhap News (2022). "'All of Us Are Dead' Tops Netflix Weekly Viewership Chart for 3rd Week." February 16. https://en.yna.co.kr/view/AEN20220216002800315#:~:text=Netflix%20said%20%22All%20of%20Us,4%22%20with%20619%20million%20hours.
- Yoon, K. (2003). "Retraditionalizing the Mobile: Young People's Sociality and Mobile Phone Use in Seoul, South Korea." *European Journal of Cultural Studies* 6 (3): 327–343.
- Yoon, K. H. (2014). "Korean Webtoon through Statistics: The New Way of Korean Manhwa over the Last 13 Years." [In Korean.] *Manhwa Zine*. https://m.blog.naver.com/PostView.naver?isHttpsRedirect=true&blogId=sisacartoon&logNo=220058038110.
- Yoon, K. H., K. H. Jung, I. S. Choi, and H. S. Choi (2015). "Features of Korean Webtoons through the Statistical Analysis." *Cartoon and Animation Studies* 38: 177–194.
- Yoon, S. H., S. Y. Kwon, and K. P. Lee (2015). "Understanding User's Behavior for Developing Webtoon Rating System Based on Laugh Reaction Sensing through Smartphone." CHI EA '15: Proceedings of the 33rd Annual ACM Conference Extended Abstracts on Human Factors in Computing Systems, 2031–2036. https://dl.acm.org/doi/10.1145/2702613.2732920.
- Yoon, S. W. (2016). "Kakao Separates Webtoon Business as Independent Subsidiary." *Korea Times*, September 4. http://www.koreatimes.co.kr/www/tech/2020/02/133_213283.html.
- Yoon, Y. S. (2018). "Korean Gov't to Develop the Tech for Illegal Content Distribution Blacking." *BusinessKorea*, April 9. http://www.businesskorea.co.kr/news/articleView.html?idxno=21528.

- Whitten, S. (2019). "Disney Bought Marvel for $4 billion in 2009, a Decade Later It's Made More Than $18 Billion at the Global Box Office." CNBC, July 21. https://www.cnbc.com/2019/07/21/disney-has-made-more-than-18-billion-from-marvel-films-since-2012.html.
- Wohn, D. Y. (2014). "Spending Real Money: Purchasing Patterns of Virtual Goods in an Online Social Game." In *Proceedings of the SIGCHI Conference on Human Factors in Computing Systems*, 3359–3368. New York: ACM. https://dl.acm.org/doi/10.1145/2556288.2557074.
- Won, T. Y. (2020). "Webtoon, from Free Manhwa to the Major Force of the New Korean Wave." [In Korean.] *Sisa Journal*, April 2. http://www.sisajournal-e.com/news/articleView.html?idxno=216454.
- Yang, S. H. (2007). "Gangnam Leftists." *Korea JoongAng Daily*, November 23. http:// koreajoongangdaily.joins.com/news/article/article.aspx?aid=2883114.
- Yecies, B. (2018). "Dreaming of Webtoons in China and the Next Korean Wave." In *Willing Collaborators: Foreign Partners in Chinese Media*, edited by M. Keane, B. Yecies, and T. Flew, 123–138. Lanham, MD: Rowman and Littlefield.
- Yecies, B., and A. G. Shim (2021). *South Korea's Webtooniverse and the Digital Comic Revolution*. Lanham, MD: Rowman and Littlefield.
- Yecies, B., A. Shim, J. Yang, and P. Y. Zhong (2020). "Global Transcreators and the Extension of the Korean Webtoon IP-Engine." *Media, Culture & Society* 42 (1): 40–57.
- Yi, W. J. (2019). "Resisting the Spell of Oblivion: A Conversation with Taeho Yoon." *Verge* 5 (2): 55–75.
- Yilmaz, R., and F. M. Cigerci (2019). "A Brief History of Storytelling: From Primitive Dance to Digital Narration." In *Handbook of Research on Transmedia Storytelling and Narrative Strategies*, edited by R. Yilman, M. Erdem, and F. Resulogu, 1–14. Hershey, PA: IGI Global.
- *Yonhap News* (2009). "Seventh Encore Performance of the Play

200–214.

- Van Dijck, J. (2013). *The Culture of Connectivity: A Critical History of Social Media*. New York: Oxford University Press.
- Van Dijck, J., T. Poell, and M. de Wall (2018). *The Platform Society: Public Values in a Connective World*. New York: Oxford University Press.
- Vincent, B. (2020). "From *Snotgirl* to *Giant Days*, Jump into These Binge-Worthy Graphic Novels and Webtoons." *MTV News*, April 22 http://www.mtv.com/news/3163571/graphic-novels-read-right-now/.
- Vlessing, E. (2021). "Wattpad Storytelling App Sold for $600 Million to South Korean Firm Naver." *Hollywood Reporter*, January 19. https://www.hollywoodreporter.com/news/south-koreas-naver-buys-wattpad-storytelling-app-for-600-million.
- Wajcman, J. (2015). *Pressed for Time*. Chicago: University of Chicago Press.
- Waller, E. (2020). "Netflix Adapts Another Korean Webtoon." C21MEDIA, April 13. https://www.c21media.net/netflix-adapts-another-korean-webtoon/.
- Watson, J., ed. (2006). *Golden Arches East: McDonald's in East Asia*. Stanford, CA: Stanford University Press.
- Watson, J. (2006). "Introduction: Transnationalism, Localization, and Fast Foods in East Asia." In Watson, *Golden Arches East: McDonald's in East Asia*, 1–38.
- Webtoon Translate (2020). "*Save Me* Is Now Available for Translation!" https://translate.webtoons.com/.
- Wee, W. (2013). "Line Enters E-Book Business with Line Manga." *TechinAsia*, April 9. https://www.techinasia.com/line-enters-ebook-business-line-manga.
- *Weekly DongA* (2017). "Red Days One after Another: American Dramas, Webtoons, Books for Binge Practicing." [In Korean.] October 3. https://weekly.donga.com/3/search/11/1077935/1.

China 5 (4) 389–406.

- Sung, S. G. (2018). "Implications of Webtoon Fan Translation vis-a-vis Official Translation." *Journal of East-West Comparative Literature* 46 (12): 173–197.
- Suzuki, C. J. (2019). "*Yōkai* Monsters at Large: Mizuki Shigeru's Manga, Transmedia Practices, and (Lack of) Cultural Politics." *International Journal of Communication* 13: 2199–2215.
- Tai, Z., and F. Hu (2018). "Play between Love and Labor: The Practice of Gold Farming in China." *New Media & Society* 20 (7): 2370–2390.
- Terranova, T. (2000). "Free Labor: Producing Culture for the Digital Economy." *Social Text* 18 (2): 33–58.
- Thussu, D. (2006). *International Communication: Continuity and Change*. London: Hodder Arnold.
- Top, B. (2018). "Naver Webtoon Establishes Webtoon IP Bridge Company." *Venture Square World*, August 14. https://www.venturesquare.net/world/naver-webtoon-establishes-webtoon-ip-bridge-company/.
- Travers, B. (2017). "Webtoons—How South Korea Is Creating the Future of Comics." *Medium*, July 2. https://medium.com/@benoittravers/webtoons-how-south-korea-is-creating-the-future-of-comics-e039c2994fcd.
- Turner, G. (2021). "Television Studies, We Need to Talk about 'Binge-Viewing.'" *Television & New Media* 22 (3): 228–240.
- Um, M. A. (2018). *Manga in Japan, and Webtoon in Korea*. 10 August. Seoul: KOFICE.
- V, A. (2020). "How to Start Reading Webtoons (And 10 Series to Check Out)." *Medium*, February 26. https://medium.com/@aravaldez217/how-to-start-reading-webtoons-and-10-series-to-check-out-5f2d07388043.
- Valtysson, B. (2010). "Access Culture: Web 2.0 and Cultural Participation." *International Journal of Cultural Policy* 16 (2):

Media Convergence in Higher Education. London: Palgrave.
- Steinberg, M. (2012). *Anime's Media Mix: Franchising Toys and Characters in Japan*. Minneapolis: University of Minnesota Press.
- Steinberg, M. (2017a). "Genesis of the Platform Concept: iMode and Platform Theory in Japan." *Asiascape* 4 (3): 184–208.
- Steinberg, M. (2017b). "Media Mix Mobilization: Social Mobilization and Yo-Kai Watch." *Animation* 12 (3): 244–258.
- Steinberg, M. (2020). "LINE as Super App: Platformization in East Asia." *Social Media + Society*, April–June: 1–10.
- Steiner, E. (2017). "Binge-Watching in Practice: The Rituals, Motives, and Feelings of Streaming Video Viewers." In *The Age of Netflix: Critical Essays on Streaming Media, Digital Delivery, and Instant Access*, edited by C. Barker and M. Wiatrowski, 141–161. Jefferson, NC: McFarland.
- Steiner, E., and K. Xu. (2018). "Binge-Watching Motivates Change: Uses and Gratifications of Streaming Video Viewers Challenge Traditional TV Research." *Convergence* 26 (1): 82–101.
- Steinmüller, K (2003). "The Uses and Abuses of Science Fiction." *Interdisciplinary Science Reviews* 28 (3): 175–178.
- Stelter, B. (2013). "Same Time, Same Channel? TV Woos Kids Who Can't Wait." *New York Times*, November 11. https://www.nytimes.com/2013/11/11/business/media/same-time-same-channel-tv-woos-kids-who-cant-wait.html.
- Stevens, J., and C. Bell (2012). "Do Fans Own Digital Comic Books? Examining the Copyright and Intellectual Property Attitudes of Comic Book Fans." *International Journal of Communication* 6: 751–776.
- Stone, C. (2022). "How Unhealthy Is Binge Watching? Press Pause, and Read On." *Reader's Digest*, March 7. https://www.rd.com/list/binge-watching-unhealthy.
- Sun, M. (2020). "K-Pop Fan Labor and an Alternative Creative Industry: A Case Study of GOT7 Chinese Fans." *Global Media and*

The Secret 40 Million People Saw Is 'Advanced Technology.'" [In Korean.] *Yonhap News*, January 15. https:// www.yna.co.kr/view/AKR20180103003200887.

- Song, C. R. (2014). "From a Movie Director to a Composer." [In Korean.] *Maeil Business Newspaper*, January 10. http://news.mk.co.kr/v7/newsPrint.php?year=2014&no=49947.
- Song, J. E., K. B. Nahm, and W. H. Jang. (2014). "The Impact of Spread of Webtoon on the Development of Hallyu: The Case Study of Indonesia." *Journal of the Korea Entertainment Industry Association* 8 (2): 357–367.
- Song, K. S. (2021). "Kakao M and Kakao Page Merged into Kakao Entertainment." *Korea JoongAng Daily*, March 4. https://koreajoongangdaily.joins.com/2021/03/04/business/industry/kakao/20210304191100343.html.
- Song, T. H. (1999). "[Cyber] Netizens: (Cyber Culture) I See Comics in PC Rooms Now." [In Korean.] *Hankook Economic Daily*, November 8. https://www.hankyung.com/news/article/1999110804291.
- Song, Y. S. (2012). "Webtoons' Current Status and Features and Webtoons-based OSMU Strategies." *Kocca Focus* 57 (August): 3–27.
- Sora's Webtoon World (2012). "Here Comes 'Moron-Taste' Webtoon." December 18. https://podosora.wordpress.com.
- Soriano, J. (2020). "Review: 'Itaewon Class' Is a Story about Second Chances and Reaching for Your Dreams." *Cinema Escapist* February 21. https://cinemaescapist.com/2020/02/review-itaewon-class/.
- Stassen, M. (2021). "Naver to Invest over $320 M in Big Hit Subsidiary and Jointly Launch New Fan Platform." *Music Business Worldwide*, January 27. https://www.musicbusinessworldwide.com/naver-to-invest-321-6m-in-big-hit-subsidiary-benx-firms-to-create-new-global-fan-community-platform/.
- Stavroula, K. (2014). *Transmedia Storytelling and the New Era of*

Opens the Early Stage of Webtoon." [In Korean.] In *Webtoons, How to Define?*, edited by KOMACON, 39–51. Bucheon, South Korea: KOMACON.

- Sharma, S. (2014). *In the Meantime: Temporality and Cultural Politics*. Durham, NC: Duke University Press.
- Shim, A. G., B. Yecies, X. Ren, and D. Wang (2020). "Cultural Intermediation and the Basis of Trust among Webtoon and Webnovel Communities." *Information, Communication & Society* 23 (6): 833–848.
- Shim, S. A. (2018, July 30). "(Movie Review) 'Along with the Gods 2': A Solidly Fun Sequel." Yonhap News Agency, July 30. https://en.yna.co.kr/view/AEN20180730005800315.
- Shin, J. W. (2017). "KakaoPage to Apply the 'Wait Then free' Business Model on a Chinese Platform for the First Time." *Tech for Korea*, August 24. https://www.facebook.com/techforkorea/posts/to-chinese-consumers-of-tencent-dongman-wait-then-freestartup-koreanstartup-kaka/1929935517280890.
- Slade-Silovic, O. (n.d.). "Horizontal VS. Vertical Videos: Which Video Format Should I Use?" COVIDEO. https://www.covideo.com/horizontal-vs-vertical-videos/.
- Soh, J. (2008). "Soonjeong Stays True to Its Heart." *Korea Times*, December 4. http:// www.koreatimes.co.kr/www/news/art/2008/12/135_35552.html.
- Sohn, J. Y. (2014). "Korean Webtoons Going Global." *Korea Herald*, May 25. http://www.koreaherald.com/view.php?ud=20140525000452.
- Sohn, J. Y. (2018). "Naver Webtoon Forms 'Studio N' for Webtoon-Based Film, Drama Production." *Korea Herald*, August 9. http://www.koreaherald.com/view.php?ud=20180809000611.
- Sohn, S. I. (1999). *The History of Manhwa* (*Manhwa Tongsa*, volume 1). [In Korean.] Seoul: Sigongsa.
- Song, B. G. (2018). "Am I the Main Character of the Webtoon?

Advance." [In Korean.] *JoongAng*, April 4. https://news.joins.com/article/23746941#none.

- Salkowitz, R. (2018). "Stan Lee, Warren Ellis, Fabian Nicieza Highlight New Webtoon Series Launches This Fall." *Forbes*, August 30. https://www.forbes.com/sites/robsal kowitz/2018/08/30/stan-lee-warren-ellis-fabien-nicieza-highlight-new-webtoon-series-launches-this-fall/#5b85e6efa30a.
- SBS (2019). "Webtoonist Yoon Tae-ho Met Hur Young Man during his Homeless Period." [In Korean.] May 2. http://sbsfune.sbs.co.kr/news/news_content.jsp?article_id=E10009480951.
- Scolari, C. (2009). "Transmedia Storytelling: Implicit Consumers, Narrative Worlds, and Branding in Contemporary Media Production." *International Journal of Communication* 3: 586–606.
- Scolari, C. (2014). "Transmedia Storytelling: New Ways of Communicating in the Digital Age." In *AC/E Digital Culture Annual Report*, 69–79. https://www.accioncultural.es/media/Default%20Files/activ/2014/Adj/Anuario_ACE_2014/EN/6Storytelling_CScolari.pdf.
- Scolari, C. (2017). "Transmedia Storytelling as a Narrative Expansion: Interview with Carlos Scolari." In *Young and Creative: Digital Technologies Empowering Children in Everyday Life*, edited by L. Eleá, and L. Mikos, 125–129. Gothenburg, Sweden: Nordicom.
- Seemiller, C., and M. Grace (2019). *Generation Z: A Century in the Making*. London: Routledge.
- Seo, B. G. (2015). "What Is the Reason for the Growth of Webtoon-Based Dramas?" [In Korean.] *Herald Economic Daily*, November 24. http://news.heraldcorp.com/view.php?ud=20151124000235.
- Seo, C. H. (2017). "Chosun Webtoon History That Can Be Read within 10 Minutes." [In Korean.] *Hangyereh Shinmun*, December 20. http://www.hani.co.kr/arti/special section/esc_section/824448.html#csidx387ee681d94001eb764f9f92ed99646.
- Seo, E. Y. (2018). "The Meaning of Soonjeong Manhwa, Which

- Perks, L. G. (2015). *Media Marathoning: Immersions in Morality*. Lanham, MD: Lexington Books.
- Pitre, J. (2019). "A Critical Theory of Binge Watching." *Jstor Daily*, April 10. https://daily.jstor.org/critical-theory-binge-watching/.
- Plunkett, L. (2016). "Early Anime Fans Were Tough Pioneers." *Kotaku*, November 22. https://cosplay.kotaku.com/early-anime-fans-were-tough-pioneers-1789281217.
- Pramaggiore, M. (2015). "Privatization Is the New Black: Quality Television and the Re-Fashioning of the U.S. Prison Industrial Complex." In *The Routledge Companion to Global Popular Culture*, edited by T. Miller, 187–196. London: Routledge.
- Pyo, J. Y., M. J. Jang, and T. J. Yoon (2019). "Dynamics between Agents in the New Webtoon Ecosystem in Korea: Responses to Waves of Transmedia and Transnationalism." *International Journal of Communication* 13: 2161–2178.
- *Quartz Weekly Obsession* (2019). "Webtoons." May 29. https://qz.com/emails/quartz-obsession/1630197/.
- Ram, A. (2016). "Asia to Be a Major Player in Transmedia Content." *DNA*, November 8. https://www.digitalnewsasia.com/personal-tech/asia-be-major-player-transmedia-content.
- Ramirez, F. (2015). "Affect and Social Value in Freemium Games." In *Social, Casual and Mobile Games: The Changing Gaming Landscape*, edited by T. Leaver and M. Wilson, 117–132. New York: Bloomsbury Academic.
- Rodriguez, A. (2019). "Netflix Execs Were Once Anxious about the Term 'Binge- Watching' So They Tried to Make 'Marathon' Viewing Happen Instead—But It Never Caught On." *Insider*, July 30. https://www.businessinsider.com/netflix-disliked-term-binge-preferred-alternatives-marathon-viewing-2019-7.
- Ryoo, J. H. (2020). "Kingdom Itaewon Class—'Webtoon Realism' with Unique Worldview and Fresh Images Continues to

Korean Wave." *Korea JoongAng Daily*, February 27. https://koreajoongangdaily.joins.com/news/article/article.aspx?aid=3074326.

- Park, J. H., J. H. Lee, and Y. S. Lee (2019). "Do Webtoon-Based TV Dramas Represent Transmedia Storytelling? Industrial Factors Leading to Webtoon-Based TV Dramas." *International Journal of Communication* 13: 2179–2198.
- Park, J. W. (2020). "'Itaewon Class' Success Reflects Thriving Webtoon Market." *Korea Times*, March 18. https://www.koreatimes.co.kr/www/art/2020/03/688_286372.html.
- Park, J. Y. (2019). "Webtoons: The Next Frontier in Global Mobile Content." *Mirae Asset Industry Report*. Seoul: Mirae Asset.
- Park, J. Y. (2020). "Media/Entertainment Rise of Webtoons Presents Opportunities in Content Providers." *Industry Report*. Seoul: Mirae Asset Daewoo Co.
- Park, K. S. (2018). *Webtoon, Transmedia Storytelling's Structure and Possibility*. [In Korean.] Seoul: Communication Books.
- Park, M. J. (2020a). "Webtoons, Big in Japan, Are Korea's Latest K-Export." *Korea JoongAng Daily*, April 20. https://koreajoongangdaily.joins.com/2020/04/20/industry/Webtoons-big-in-Japan-are-Koreas-latest-Kexport/3076275.html.
- Park, M. J. (2020b). "Webtoons Make a Fortune in a Strong Manhwa Force Japan…Kakao Page Uses an Anipang Strategy." [In Korean.] *JoongAng Ilbo*, May 26. https:// news.joins.com/article/23785476.
- Park, S. H. (2018). *Webtoon Contents Platform*. [In Korean.] Seoul: Communication Books.
- Park, S. K. (2013). "The Golden Days of Webtoon." *Postech Times*, March 20. http://times.postech.ac.kr/news/articleView.html?idxno=6814.
- Pellitteri, M. (2010). *The Dragon and the Dazzle: Models, Strategies and Identities of Japanese Imagination: A European Perspective*. Latina, Italy: Tunué.

- Pamment, J. (2016). "Digital Diplomacy as Transmedia Engagement: Aligning Theories of Participation with International Advocacy Campaigns." *New Media & Society* 18 (9): 2046–2062.
- Park, E. J. (2016). "With Success in Korea, Webtoons Look Abroad." *Korea JoongAng Daily*, January 4. https://koreajoongangdaily.joins.com/news/article/article.aspx?aid=3013509.
- Park, G. S. (2018). *Webtoon: The Structure and Possibility of Webtoon Transmedia Storytelling*. [In Korean.] Seoul: Communication Books.
- Park, H. K. (2014). "Daum Webtoon Goes Global." *Korea Herald*, December 17. http:// www.koreaherald.com/view.php?ud=20141217000431.
- Park, H. S. (2021). *Understanding Hallyu: The Korean Wave through Literature, Webtoon, and Mukbang*. London: Routledge.
- Park, I. H. (2006). "A Short History of Manhwa." Translated by Kim Nakho. *Media, Manhwa, and Everything Nice*, March 15. http://capcold.net/eng/blog/?p=11.
- Park, I. H. (2021). "History of Korean Webtoons." [In Korean.] https://m.blog.naver.com/enterani/220542151355.
- Park, I. J. (2020). "Naver Webtoon Riding High on the Korean Wave." *Korea JoongAng Daily*, February 27. https://koreajoongangdaily.joins.com/news/article/article.aspx?aid=3074326.
- Park, J. (2020). "Webtoon Artists' Work—90 Percent of Revenues Are Taken out as Toll Fees." [In Korean.] *Hankyoreh Shinmun*, November 16. http://www.hani.co.kr/arti/PRINT/970061.html.
- Park, J. H. (2016). "Webcomics Expanding Territory." *Korea Times*, August 18. https:// www.koreatimes.co.kr/www/news/culture/2016/08/203_212225.html.
- Park, J. H. (2018). "'Along with Gods' Looks to Be Another Blockbuster." *Korea Times*, July 25. https://www.koreatimes.co.kr/www/art/2019/11/689_252831.html.
- Park, J. H. (2020). "Naver Webtoon Riding High on the

No=257.

- Nulook Media (2020). "Yoon Tae-ho." [In Korean.] http://www.nulookmedia.co.kr/family/main.do.
- Nye, J. S., Jr. (2004). *Soft Power: The Means to Success in World Politics*. New York: PublicAffairs.
- Oh, D. S. (2021). "Kakao Acquires the First American Webtoon Company, Tatas; Will Compete against Naver in the U.S." [In Korean.] *Maeil Economic Daily*, April 11. https://www.mk.co.kr/news/it/view/2021/04/346556/.
- Oh, D. S., and M. Choi (2020). "Naver Webtoon Takes Over Korean AI Startup V.DO." Pulse, January 15. https://pulsenews.co.kr/view.php?year=2020&no=49553.
- Ohsawa, Y. (2018). "A Contemporary Version of Globalization: New Ways of Circulating and Consuming Japanese Anime and Manga in East Asia." *Josai International University Bulletin* 26 (6): 19–41.
- Ok, H. Y. (2011). "New Media Practices in Korea." *International Journal of Communication* 5: 320–348.
- O'Reilly, T. (2005). "What Is Web 2.0? Design Patterns and Business Models for the Next Generation of Software." September 30. https://mediaedu.typepad.com/info_society/files/web2.pdf.
- Orsini, L. (2020). "'Tower of God' Puts Battle Anime Tropes to the Test." *Forbes*, April 1. https://www.forbes.com/sites/laurenorsini/2020/04/01/tower-of-god-puts-battle-anime-tropes-to-the-test/#16fe5ccd48f4.
- Osaki, T. (2019). "South Korea's Booming 'Webtoons' Put Japan's Print Manga on Notice." *Japan Times*, May 5. https://www.japantimes.co.jp/news/2019/05/05/business/tech/south-koreas-booming-webtoons-put-japans-print-manga-notice/#.XOYZZ9 MzY1g.
- Oxford Reference (2019). "Cultural Production." Oxford: Oxford University Press. https://www-oxfordreference-com.proxy.lib.sfu.ca / view/10.1093/oi/authority.20110803095652897.

articleView.html?idxno=7816.

- Nam, Y. J. (2020). “Korean Webtoon ‘Wings’ Easily Changes between Genres.” [In Korean.] *Busan Ilbo*, May 10. http://www.busan.com/view/busan/view.php?code=2020051018090913106.
- Napier, S. (2007). *From Impressionism to Anime: Japan as Fantasy and Fan Cult in the Mind of the West*. New York: Palgrave Macmillan.
- Naver (2014). “Webtoon 10th Anniversary.” [In Korean.] http://campaign.naver.com/webtoon/.
- Naver Webtoon (2018). “Company.” https://webtoonscorp.com/en/.
- Naver Webtoon (2019). *2019 Audit Report*. Seong-Nam, South Korea: Naver.
- Naver Webtoon (2020a). *2020 Audit Report*. Seong-Nam, South Korea: Naver.
- Naver Webtoon (2020b). “Binge Read by Themes.” https://www.webtoons.com/en/collection/list.
- Naver Webtoon (2020c). “Naver Makes the U.S. a Headquarters to Expand Webtoons’ Global Growth.” Press release, May 28.
- Netflix (2017). “Ready, Set, Binge: More than 8 Million Viewers ‘Binge Race’ Their Favorite Series.” Press release, October 17. https://about.netflix.com/en/news/ready-set-binge-more-than-8-million-viewers-binge-race-their-favorite-series.
- Nieborg, D. B., and A. Helmond. (2019). “The Political Dconomy of Facebook’s Platformization in the Mobile Ecosystem: Facebook Messenger as a Platform Instance.” *Media, Culture & Society* 41 (2), 196–218.
- Nieborg, D. B., and T. Poell. (2018). “The Platformization of Cultural Production: Theorizing the Contingent Cultural Commodity.” *New Media & Society* 20 (11): 4275–4292.
- No, J. W. (2021). “Webtoon Based on Drama ‘Navillera’ Released for Free on KakaoPage.” [In Korean.] *Edaily*, March 22. https://www.edaily.co.kr/news/read?newsId=01712166628985944&mediaCode

- Miller, N. (2007). "Manifesto for a New Age." *Wired*, March 1. https://www.wired.com/2007/03/snackminifesto/.
- Miller, V. (2020). *Understanding Digital Culture*. London: Sage.
- Ministry of Culture, Sports and Tourism (2014a). *2013 Content Industry: Final Statistics*. Seoul: Ministry of Culture, Sports and Tourism.
- Ministry of Culture, Sports, and Tourism (2014b). "A Mid- to Long-Range Plan to Reach 1 Billion Won Sales in the Manhwa Industry." Press release, May 28.
- Ministry of Culture, Sports and Tourism (2019). *2018 Contents Industry White Paper*. Seoul: Ministry of Culture, Sports and Tourism.
- Ministry of Culture, Sports and Tourism (2020). *2019 Contents Industry Statistics Survey Report*. Seoul: Ministry of Culture, Sports and Tourism.
- Ministry of Education (2020). *A Survey of Elementary and Secondary Education Students*. Seoul: Ministry of Education.
- Ministry of Science and ICT (2017). *A Study of the Globalization Strategies of Webtoon Platforms*. Seoul: Ministry of Science and ICT.
- Moura, H. (2011). "Sharing Bites on Global Screens: The Emergence of Snack Culture." In *Global Media Convergence and Cultural Transformation: Emerging Social Patterns and Characteristics*, edited by D. Y. Jin, 37–49. Hershey, PA: IGI Global.
- MrBlue (2020). "Webtoon Genres." [In Korean.] April 25. https://www.mrblue.com/webtoon/genre/fantasy.
- Murray, N. (2018). "Review: From Dinosaurs to Courtroom Drama, Overstuffed Korean Epic 'Along with the Gods: The Last 49 Days' Entertains." *Los Angeles Times* July 31. https://www.latimes.com/entertainment/movies/la-et-mn-along-with-the-gods-49-days-review-20180731-story.html.
- Nam, D. Y. (2020). "Class Is Different in Content Strategy–Kakao Has a Plan." [In Korean.] *Tech M*, February 24. http://www.techm.kr/news/

- Lynn, H. G. (2016). "Korean Webtoons: Explaining Growth." *Research Center for Korean Studies Annual—Kyushu University* 16: 1–13.
- MacDonald, J. (2020). "Writer Kim Eun-hee Shares Her Inspiration for the Historical Zombie Drama 'Kingdom.'" *Forbes*, March 12. https://www.forbes.com/sites/joanmacdonald/2020/03/12/writer-kim-eun-hee-shares-her-inspiration-for-the-historical-zombie-drama-kingdom/#5f3089dd71f1.
- MacMillan, D., and P. Burrows (2009). "Inside the App Economy." *Business Week*, Octo ber 22. https://www.bloomberg.com/news/articles/2009-10-22/inside-the-app-economy.
- Manovich, L. (2013). *Software Takes Command*. London: Bloomsbury.
- Mansson, D., and S. Myers (2011). "An Initial Examination of College Students' Expressions of Affection through Facebook." *Southern Communication Journal* 76 (2): 155–168.
- Marshall, C. (2016). "Korean Webtoons Entertain the World." Korea.net, March 3. http://www.korea.net/NewsFocus/Culture/view?articleId=133278.
- Martin, D. (2018). "South Korean Animation Today: National Identity and the Appeal to Local Audiences." *Journal of Japanese and Korean Cinema* 10 (2): 92–97.
- Matrix, S. (2014). "The Netflix Effect: Teens, Binge Watching, and On-Demand Digital Media Trends." *Jeunesse* 6 (1): 119–138.
- Matsutani, M. (2009). "Manga: Heart of Pop Culture." *Japan Times*, May 26. https:// www.japantimes.co.jp/news/2009/05/26/reference/manga-heart-of-pop-culture/.
- McCloud, S. (1993). *Understanding Comics: The Invisible Art*. New York: Harper Perennial.
- McKevitt, A. (2017). *Consuming Japan: Popular Culture and the Globalizing of 1980s America*. Chapel Hill: University of North Carolina Press.

Merger." Reuters. August 27. https://www.reuters.com/article/us-kakao-daum-communicat/south-koreas-daum-kakao-shareholders-approve-merger-idUSKBN0GR11D20140827.

- Lee, S. Y. (2016). "Snacking on the Online Snack Culture." October 6. http://www.theargus.org/news/articleView.html?idxno=1064.
- Lee, Y. I., and H. J. Kim (2019). "Naver Webtoon Tops Global Online Comic Charts, Sales to Hit $502 Mn This Year." *Pulse*, September 24. https://pulsenews.co.kr/view.php?year=2019&no=760754.
- Li, J. Y. (2020). "From Media Mix to Platformization: The Transmedia Strategy of 'IP' in *One Hundred Thousand Bad*." In *Transmedia Storytelling in East Asia: The Age of Digital Media*, edited by D. Y. Jin, 225–241. London: Routledge.
- Lim, H. B. (2019). "2017 Today's Our Manhwa Award Serial Review: Danzi and…." Webtoon Guide, November 6. https://www.webtoonguide.com/en/board/Review_en/11375.
- Lim, H. W. (2018). "What Is the Business Model that Increased Kakao Page's Sales 100 Times?" [In Korean.] *Korea Economic Daily*, December 26. https://www.hankyung.com/it/article/2018122502591.
- Lim, K. U. (2018). "Local Webtoon Defeats Avengers and Superman in the U.S." [In Korean.] *Chosun Ilbo*, April 26. https://biz.chosun.com/site/data/html_dir/2018/04/25/2018042503552.html.
- Listly (2019). "How Much Is the Average Income of Webtoon Artist?" September 27. https://medium.com/issue-by-listly-io/how-much-is-the-average-income-of-webtoon-artist-35971b8bf4d3.
- Literature Translation Institute of Korea (2014). *Introduction Material on Yoon Tae-ho*. Seoul: Digital Library of Korean Literature. https://library.ltikorea.or.kr/writer/200826.
- Lombardi, L. (2019). "Shigeru Mizuki, The Legendary Manga Creator and Yokai Professor, Finally Gets His Due." *Wire*, January 7. https://www.syfy.com/syfy-wire/shigeru-mizuki-the-legendary-manga-creator-and-yokai-professor-finally-gets-his-due.

- Lee, J. L. (2020). "'Space Sweepers' Set for Webtoon Release ahead of Movie Premiere." *Korea JoongAng Daily*, May 25. https://koreajoongangdaily.joins.com/2020/05/25/movies/Space-Sweepers-IP-webtoon/20200525180800170.html.
- Lee, J. Y. (2015). "Webtoon-Based Drama and Films Will Boom in the New Year." [In Korean.] *DongA Ilbo*, January 5. http://news.donga.com/List/3/all/20150105/68905908/4.
- Lee, K. W. (2000). "Chollian, Manhwa Special Site Webtoon." *ETnews*, August 9.
- Lee, M. (2008). "Will It Melt with Love in the Frozen Theater? Kang Full's Love Story Opens." [In Korean.] *Cine* 2I, November 11. http://www.cine21.com/news/view/?mag_id=54086.
- Lee, M. A. (2019). "Working-Level Staffs Are 'Captain': Creates Content Never Available Before in Korea." [In Korean.] *Economy Chosun*, July 15. http://economy.chosun.com/client/news/view.php?boardName=C00&t_num=13607364.
- Lee, S. G. (2019). "Korean Silicon Valley, Pangyo: Of an Estimated 140,000 Webtoonists, Half Earn 1.6 Million Won per Month." [In Korean.] *JoongAng Ilbo*, May 12. https://news.joins.com/article/23464764.
- Lee, S. J. (2016). *Kang Full: Manhwa Webtoon Artist Review*. [In Korean.] Seoul: Communication Books.
- Lee, S. J., and A. M. Nornes, eds. (2015). *Hallyu 2.0: Korean Wave in the Age of Social Media*. Ann Arbor: University of Michigan Press.
- Lee, S. M. (2017). *Current Status and Implication for Webtoon Market in the Americas*. Seoul: Korea Culture and Tourism Institute.
- Lee, S. W. (2013). "Webtoons Are the New Stickers: Why Companies Should Keep Their Eyes on Asia's Latest Toon Trend." TNW, October 24. http://thenextweb.com/asia/2013/10/24/webtoons-new-stickers-companies-keep-eyes-asias-latest-toon-trend/.
- Lee, S. Y. (2014). "South Korea's Daum, Kakao Shareholders Approve

- Kwon, M. S. (2020). "K-Webtoon Catches Global Eye—Becomes the Leading Manhwa Export." [In Korean.] *MediaSR*, May 2. http://www.mediasr.co.kr/news/articleView.html?idxno=58583.
- Kwon, O. S. (2014). "Korean Webtoons Go Global with LINE." *Headline*, July 6. https://medium.com/the-headline/korean-webtoons-go-global-with-line-b82f3920580e.
- Lamarre, T. (2015). "Regional TV: Affective Media Geographies." *Asiascape* 2: 93–126.
- Lan Kwai Fong Group (2018). "Lan Kwai Fong Group Partners with South Korea's Largest Telecom Company KT." PR Newswire, May 7. https://en.prnasia.com/releases/apac/lan-kwai-fong-group-partners-with-south-korea-s-largest-telecom-company-kt-209970.shtml.
- Lazzarato, M. (2004). *Les revolutions du capitalisme*. Paris: Empecheurs de Penser en Rond.
- Lee, D. W. (2012). "Marine Blues Turned into a Go-Stop Game." [In Korean.] *ZDNet*, June 12. http://www.zdnet.co.kr/news/news_view.asp?artice_id=20120612182001.
- Lee, E. J. (2021). "Unfair Contracts for Webtoons and Web Novels are Rampant: Naver, Kakao Don't Care." [In Korean.] IT Chosun, April 14. http://it.chosun.com/site/data/html_dir/2021/04/13/2021041302449.html.
- Lee, H. I. (2018). "The First $10M Film of 2018, Along with the Gods: Seven Reasons for its Success." [In Korean.] *Kyunghyang Shinmun*, January 3. http://news.khan.co.kr/kh_news/khan_art_view.html?art_id=201801031638001#csidxb222ded993fc36e9a9e9b33c7edc129.
- Lee, H. J. (2018). "A 'Real' Fantasy: Hybridity, Korean Drama, and Pop Cosmopolitans." *Media, Culture & Society* 40 (3): 365–380.
- Lee, H. K. (2016). "Manhwas, Webtoons, and the Storytelling behind It All." *Korea Daily*, October 3. http://www.koreadailyus.com/manhwas-webtoons-and-the-story telling-behind-it-all/.

php?ud=20150901000892.
- *Korea Times* (2009). "100 Years of Korean Comics." June 2. http://www.koreatimes.co.kr/www/news/art/2009/06/135_46093.html.
- Korea.com. (2016). "Webtoons as the New Trend for Korean Dramas and Films." January 8. http://www1.korea.com/bbs/board.php?bo_table=SHOW&wr_id=1501.
- Korean Film Council (2019). *2018 Korean Film Industry Report.* Busan, Korea: KOFIC.
- Korean Film Council (2020). "Box Office." Busan, Korea: KOFIC.
- Kraidy, M. (2005). *Hybridity or the Cultural Logic of Globalization.* Philadelphia: Temple University Press.
- K-Studio. (2012). "K-Studio Announces Launch Event for New Comic Art Studio in Los Angeles." 17 October. https://icv2.com/articles/comics/view/24166/k-studio-announces-launch-event.
- KT Economic Management Institute. (2015). *Webtoon Market Dreams of 1 Billion Market.* Seoul: KT Economic Management Institute.
- Ku, E. S. (2020). "Youth's Unemployment Rate—The Highest Ever." [In Korean.] *HanKyung Economic Daily*, August 12. https://www.hankyung.com/economy/article/202008120651i.
- Kwon, D. I. (2020). "Brace Yourselves, Here Comes 'the 90s.'" *Yonsei Annals*, April 4. http://annals.yonsei.ac.kr/news/articleView.html?idxno=2116.
- Kwon, J. M. (2019). *Straight Korean Female Fans and Their Gay Fantasies.* Iowa City: University of Iowa Press.
- Kwon, J. M. (2022). "The Commercialization and Popularization of Boys Love (BL) in South Korea." In *Queer Transftgurations: Boys Love Media in Asia*, edited by J. Walker, 80–91. Honolulu: University of Hawaii Press.
- Kwon, J. Y. (2017). "Novelcomics Is Also Successful–Toward Global Mobile Content Platform." [In Korean.] *Aju Economy*, January 24. https://www.ajunews.com/view/20170123104822636.

koreancontent.kr/1607.

- Korea Creative Content Agency (2015). *Webtoon Industry Status Analysis*. [In Korean.] Naju, South Korea: KOCCA.
- Korea Creative Content Agency (2016). *2015 Manhwa Content White Paper*. [In Korean.] Naju, South Korea: KOCCA.
- Korea Creative Content Agency (2018). *The Basic Status of Webtoonists*. [In Korean.] Naju, South Korea: KOCCA
- Korea Creative Content Agency (2019a). *2018 White Paper on Korean Cartoons*. [In Korean.] Naju, South Korea: KOCCA.
- Korea Creative Content Agency (2019b). *2019 Analysis of Webtoon Industry Reality*. [In Korean.] Naju, South Korea: KOCCA.
- Korea Creative Content Agency (2019c). *2019 Report of the First Half Content Industry Trend Analysis*. [In Korean.] Naju, South Korea: KOCCA.
- Korea Creative Content Agency (2019d). *The Current Status of Webtoonists*. [In Korean.] Naju, South Korea: KOCCA.
- Korea Creative Content Agency (2020a). *2019 Cartoon Industry White Paper*. [In Korean.] Naju, South Korea: KOCCA.
- Korea Creative Content Agency (2020b). *2020 Analysis of Webtoon Industry Reality*. [In Korean.] Naju: South Korea: KOCCA.
- Korea Creative Content Agency (2020c). *Contents Industry 2019 Outcome and 2020 Perspective*. [In Korean.] Naju, South Korean: KOCCA.
- Korea Creative Content Agency (2021). *Trend Report of the 2020 Latter Half and Annual Content Industry*. [In Korean.] Naju, South Korea: KOCCA.
- *Korea Daily* (2017). "7 Translated Korean Webtoon Recommendations to Binge Read." May 26. http://www.koreadailyus.com/7-translated-korean-webtoon-recommendations-to-binge-read/3/.
- *Korea Herald* (2015). "Daum Kakao to Change Its Name to Kakao." September 1. http:// www.koreaherald.com/view.

- Kim, S. S. I., and Y. J. Lee (2022). "International Diversification Strategy of Webtoon Platforms: Focusing on Naver and Kakao Webtoon in Japan." *Manhwa Animation Research* 66: 589–628.
- Kim, S. Y. (2020). "Ghao Tops, Due to the Popularity of 'Itaewon Class,' OSTs Continue to Rise on the Music Chart." [In Korean.] *Hankyung Economic Daily*, March 17. https://www.hankyung.com/entertainment/article/202003176471H.
- Kim, Y. A., ed. (2013). *The Korean Wave: Korean Media Go Global.* London: Routledge.
- Kim, Y. S. (2016). "Snacks Emerging as the New Entrée: How Snack Culture Permeates the Contemporary Era." *Yonsei Annals*, March 6. http://annals.yonsei.ac.kr/news/articleView.html?idxno=1607.
- Kim, Y. W. (2018). "KakaoPage Acquires Indonesian Webtoon Operator." *Investor*, December 18. https://www.theinvestor.co.kr/view.php?ud=20181218000563.
- Kinder, M. (1991). *Playing with Power in Movies, Television, and Videogames: From Muppet Babies to Teenage Mutant Ninja Turtles.* Berkeley: University of California Press.
- KOMACON (2015). *The Blueprint of the Manhwa Transaction Environment Development.* [In Korean.] Bucheon, South Korea: KOMACON.
- KOMACON (2018a). "2017 Manhwa Statistics Card News." [In Korean.] Press release, March 5. Bucheon, South Korea: KOMACON.
- KOMACON (2018b). *Overseas Comics Market Research 2017.* [In Korean.] Bucheon, South Korea: KOMACON.
- Koo, J. J. (2019). "The Critical Representation of Family in Changing Dailytoon— Focusing on Two Webtoon Series Danji and Myeoneuragi (The Daughter-in-Law)." *Journal of Korean Drama and Theatre* 65 (9): 71–98.
- Korea Creative Content Agency (2013). "Now Enjoy Webtoons in a Smart Way: Webtoon Applications." [In Korean.] July 15. https://

Creative and Digital Labor in South Korea." *Social Media + Society* (October–December): 1–11.

- Kim, J. Y. (1998). "Multimedia Manhwa Becomes Popular." *ETnews*. March 28.
- Kim, K. A. (2017). *Romance Web Novel*. [In Korean.] Seoul: Communication Books.
- Kim, M. H. (2016). "Didier Borg, CEO of French Webtoon Company Delitoon, 'Korean Webtoons Are Attractive to Read.'" [In Korean.] *MK Times*, November 18. http:// news.mk.co.kr/newsRead.php?no=803814&year=2016.
- Kim, M. R. (2015). "A Case Study of Cross-Media Storytelling: Remediation of Webtoon Misaeng to Drama Series Misaeng." *Journal of the Korea Contents Association* 15 (8): 130–140.
- Kim, M. R. (2020). "What Are the Most-Watched Dramas on Netflix in 2020?" [In Korean.] *Chosun Ilbo*, November 14. https://www.chosun.com/national/weekend/2020/11/14/UBLSJMI6SRG4RNQTOC7RHX3BH4/.
- Kim, M. S. (2015). "'Webtoons' Become S Korea's Latest Cultural Phenomenon." *Al-jazeera*, June 30. https://www.aljazeera.com/blogs/asia/2015/06/korea-latest-cultural-phenomenon-150630055653457.html.
- Kim, S. C., and H. J. Lee (2019). "Platformization of the Webtoon Industry in Korea." *Culture and Society* 27 (3): 95–142.
- Kim, S. G. (2016). "Web Novel Market 'Big Bang'—The Market Size Is Expected to Increase to 80 Billion Won This Year." [In Korean.] *Maeil Economic Daily*, December 7. https://www.mk.co.kr/news/culture/view/2016/12/848730/
- Kim, S. H. (2017). "Korea VFX Today." *Korean Cinema Today* 30: 48–55.
- Kim, S. J. (2019). "A Study on the Pattern Change of the Webtoon." *Cartoon and Animation Studies* 57: 311–340.

Malaise." *Korea JoongAng Daily*, February 18. https://koreajoongangdaily.joins.com/news/article/article.aspx?aid=2967318.

- Kidd, D. (2018). *Pop Culture Freaks: Identity, Mass Media, and Society*. 2nd ed. London: Routledge.
- Kim, B. S. (2018). "Search for Korean Webtoons in 200 Countries... Illegal Distribution Sites Are Also On the Rise." [In Korean.] *Chosun Ilbo*, February 16. https://biz.chosun.com/site/data/html_dir/2018/02/13/2018021301401.html.
- Kim, H. A. (2020). "Writer Yoon Tae-ho Is Back with the New Webtoon *Eorin*—the South Pole." [In Korean.] *Edaily* March 14. https://www.edaily.co.kr/news/read?newsId=01728566625703320&mediaCodeNo=257&gtrack=sok.
- Kim, H. J. (2020). "IP Universe Era—Korean Style Marvel Is Coming Soon." [In Korean.] *Seoul Economic Daily*, July 5. https://www.sedaily.com/News/NewsView/NewsPrint?Nid=1Z2XCOORN5.
- Kim, H. W. (2019). "A Homosexual Drawing of Young Boy BL Explodes in Popularity Among Women in 1020...Leading the Webtoon Market." [In Korean.] *Chosun Ilbo*, March 9. http://it.chosun.com/site/data/html_dir/2019/03/09/2019030900782.html.
- Kim, H. W. (2021). "2021—The Webtoon Industry Focuses on the Expansion of Super IP and Globalization." [In Korean.] *IT Chosun*, January 1. http://it.chosun.com/site/data/html_dir/2021/01/01/2021010100297.html.
- Kim, I. G. (2020). "Audio-Visual Hallyu Has Changed from the Supporting Role to the Leading Role—The World falls in Love with K-Webtoon." [In Korean.] *Munhwa Ilbo*, April 13. http://www.munhwa.com/news/view.html?no=2020041301032139179001.
- Kim, I. W. (2019). "Among Major OECD Countries, Only Korea Shows the Spike in the Unemployment Rate." *HanKyung Economic Daily*, October 14.
- Kim, J. H., and J. Yu (2019). "Platformizing Webtoons: The Impact on

com/sites/erikkain/2020/03/12/worried-about-coronavirus-you-should-watch-kingdom-on-netflix/#7e71114643bc.

- Kakao (2019). *2019 Audit Report*. [In Korean.] Jeju, South Korea: Kakao.
- Kakao (2020). *2020 Audit Report*. [In Korean.] Jeju, South Korea: Kakao.
- Kang, E. W. (2018). *Spinoff*. [In Korean.] Seoul: Communication Books.
- Kang, M. J. (2020). "Netflix Introduces New Original Series All of US Are Dead, Based on Popular Korean Webtoon." Press release, April 12. https://about.netflix.com/en/news/netflix-introduces-new-original-series-all-of-us-are-dead-based-on-popular-korean-webtoon
- Kang, T. J. (2014). "South Korea's Webtoons: Going Global." *Financial Times*, July 28. https://www.ft.com/content/3b5a3b59-6aae-3c90-bf96-8ace895f32cf.
- Kawano, K. (2019). "Boys' Love, the Genre That Liberates Japanese Women to Create a World of Their Own." *Savvy Tokyo*, January 17. https://savvytokyo.com/boys-love-the-genre-that-liberates-japanese-women-to-create-a-world-of-their-own/.
- Keane, M., B. Yecies, and T. Flew, eds. (2018). *Willing Collaborators: Foreign Partners in Chinese Media*. Lanham, MD: Rowman and Littlefield.
- Kelley, C. (2017) "Meet the BTS Fan Translators (Partially!) Responsible for the Globalization of K-pop." *Billboard*, December 21. https://www.billboard.com/articles/columns/k-town/8078464/bts-fan-translators-k-pop-interview.
- Kerr, E. (2018). "'Along with the Gods: The Last 49 Days': Film Review." *Hollywood Reporter*, August 8. https://www.hollywoodreporter.com/review/along-gods-last-49-days-film-review-1133084.
- Ki, S. M. (2013). "'Misaeng' Creator Makes Art from Company

aspx?aid=3042069.

- Jin, M. J. (2019). "With Netflix, 'Kingdom' Looks to Be a Global Hit: Local Creators Hope the Zombie Thriller Creates More Opportunities." *Korea JoongAng Daily*, January 23. https://koreajoongangdaily.joins.com/news/article/article.aspx?aid=3058574.
- Jin, M. S. (2020). "The Average Commute Time in Metro Seoul is 1 Hour and 27 Minutes." [In Korean.] *Hankyoreh Shinmun*, April 23. http://www.hani.co.kr/arti/economy/economy_general/941700.html.
- Johns, J. (2011) "Korea Needs Predictable Regulatory Environment." *Korea Times*, May 15. https://koreatimes.co.kr/www/news/biz/2016/06/333_87003.html.
- Joo, W. J., R. Denison, and H. Furukawa. (n.d.). "Manhwa Movies Project Report 1: Transmedia Japanese Franchising." Norwich, UK: University of East Anglia.
- Ju, H: J. (2019). *Transnational Korean Television: Cultural Storytelling and Digital Audiences*. Lanham, MD: Lexington Books.
- Jung, E. A. (2020). "*Itaewon Class*, a Korean Drama That Just Hits Different." *Vulture*, April 2. https://www.vulture.com/2020/04/itaewon-class-a-korean-drama-that-just-hits-different.html.
- Jung, H. W. (2015). "South Korea's Webtoon Craze Making Global Waves." Agence France-Presse, November 24. https://finance.yahoo.com/news/s/south-korea-webtoon-craze-making-global-waves-041606407.html.
- Jurgensen, J. (2012). "Binge Viewing: TV's Lost Weekends." *Wall Street Journal*, July 12.
- Kacsuk, Z. (2018). "Re-Examining the 'What Is Manga' Problem: The Tension and Interrelationship between the 'Style' versus 'Made in Japan' Positions." In *Japanese Media Cultures in Japan and Abroad*, edited by M. Hernandez-Perez, 15–32. Basel, Switzerland: MDPI.
- Kain, E. (2020). "Worried about a Global Pandemic? You Should Watch 'Kingdom' On Netflix." *Forbes*, March 12. https://www.forbes.

Culture. New York: Routledge.

- Jin, D. Y. (2016). *New Korean Wave: Transnational Cultural Power in the Age of Social Media*. Urbana: University of Illinois Press.
- Jin, D. Y. (2017a). "Anipang." In *The 100 Greatest Video Games*, edited by R. Mejia, J. Banks, and A. Adams, 9–10. Lanham, MD: Rowman and Littlefield.
- Jin, D. Y. (2017b). *Smartland Korea: Mobile Communication, Culture and Society*. Ann Arbor: University of Michigan Press.
- Jin, D. Y. (2019a). "Snack Culture's Dream of Big-Screen Culture: Korean Webtoons' Transmedia Storytelling." *International Journal of Communication* 13: 2094–2115.
- Jin, D. Y. (2019b). *Transnational Korean Cinema: Cultural Politics, Film Genres, and Digital Technologies*. New Brunswick, NJ: Rutgers University Press.
- Jin, D. Y. (2019c). "Korean Webtoonist Yoon Tae Ho: History, Webtoon Industry, and Transmedia Storytelling," *International Journal of Communication* 13, 2216–2230.
- Jin, D. Y., ed. (2020). *Transmedia Storytelling in East Asia: The Age of Digital Media*. London: Routledge.
- Jin, D. Y. (2021). *Artiftcial Intelligence in Cultural Production: Critical Perspectives on Digital Platforms*. London: Routledge.
- Jin, D. Y., and K. Yoon (2016). "The Social Mediascape of Transnational Korean Pop Culture: *Hallyu 2.0* as Spreadable Media Practice." *New Media & Society* 18 (7): 1277–1292.
- Jin, D. Y., K. Yoon, and W. J. Min (2021). *Transnational Hallyu: The Globalization of Korean Digital and Popular Culture*. Lanham, MD: Rowman and Littlefield.
- Jin, M. J. (2017). "Epic Undertaking Fails to Impress: Fans of the 'Along with the Gods: The Two Worlds' Webtoon May Find the Film to Be Overly Sentimental." *Korea JoongAng Daily*, December 13. http://koreajoongangdaily.joins.com/news/article/article.

- Jang, M. J. (2019). "Popular Music and the Establishment of *Segyekwan* (Universe)." [In Korean.] *Sisa Journal e*, May 24. http://www.sisajournal-e.com/news/articleView.html?idxno=200631.
- Jang, S. Y. (2018). "Definition of Webtoons Based on the Pre-History of Webtoons." [In Korean.] In *Webtoons, How to Deftne Them?*, edited by KOMACON, 19–31. Bucheon, South Korea: KOMACON.
- Jang, W. H., and J. E. Song (2017). "Webtoon as a New Korean Wave in the Process of Globalization." *Kritika Kultura* 29: 168–187.
- Jenkins, H. (2006). *Convergence Culture: Where Old and New Media Collide*. New York: New York University Press.
- Jenkins, H. (2007). "'We Had So Many Stories to Tell': The Heroes Comics as Transmedia Storytelling." Confessions of an Aca-Fan, December 3. http://henryjenkins.org/2007/12/we_had_so_many_stories_to_tell.html.
- Jenkins, H. (2011). "Transmedia 202: Further Reflections." Confessions of an Aca-Fan, July 31. http://henryjenkins.org/2011/08/defining_transmedia_further_re.html.
- Jenkins, H., S. Ford, and J. Green. (2013). *Spreadable Media: Creating Value and Meaning in a Networked Culture*. New York: New York University Press.
- Jenner, M. (2018). *Netflix and the Re-Invention of Television*. London: Palgrave Macmillan.
- Jeong, J. H. (2020). "Webtoons Go Viral? The Globalization Processes of Korean Digital Comics." *Korea Journal* 60 (1): 71–99.
- Jeong, M. A. (2017). "The Relationship between Korean Movies and Society: Social Issues Succeed as the People Desire Justice." *Korean Cinema Today* 30: 60–63.
- Jin, D. Y. (2015a). "Digital Convergence of Korea's Webtoons: Transmedia Storytelling." *Communication Research and Practice* 1 (3): 193–209.
- Jin, D. Y. (2015b). *Digital Platforms, Imperialism, and Political*

Works Including Tower of God, Noblesse, God of High School." Anime News Network, February 25. https://www.animenewsnetwork.com/news/2020-02-05/crunchyroll-unveils-7-crunchyroll-originals-works-including-tower-of-god-noblesse-god-of-high-school/.156748.

- Hong, C. (2016). "Kim Go Eun Puts Casting Issues to Rest with Excellent Acting in 'Cheese in the Trap.'" *Soompi*, January 16. https://www.soompi.com/article/810881wpp/kim-go-eun-puts-casting-issues-to-rest-with-excellent-acting-in-cheese-in-the-trap.
- Hong, J. M. (2012). "K-Comics Leading the New Korean Wave: Talking about Cartoons from the 1950s and 1960s." [In Korean.] *Seoul Shinmum*, April 30. http://m.seoul.co.kr/news/newsView.php?id=20120430019003.
- Hong, J. M. (2017). "Traveling abroad on a Popular Cartoon Platform: 'Webtoon Hallyu' Growing Stronger Through Localization." [In Korean.] *Seoul News Paper*, January 30. http://www.seoul.co.kr/news/newsView.php?id=20170131017002.
- Hong, S. Y., and H. Y. Lee (2020). "Naver Headquarters Webtoon Operation in US to Accelerate Global Outreach." *Pulse*, May 29. https://pulsenews.co.kr/view.php?year=2020&no=551331.
- Hwang, J. H. (2010). "Byung-mak Manhwa Emerges after Trash Drama." [In Korean.] *Media Today*, April 11. http://www.mediatoday.co.kr/news/articleView.html?idxno=87360.
- Hwang, S. T. (2018). *Crowdsourcing Webtoon Storytelling*. [In Korean.] Seoul: Communication Books.
- Im, Y. T. (2020). "Action Square, Netflix Original 'Kingdom'- Game Production." [In Korean.] *Maeil Economic Daily*, September 1. http://game.mk.co.kr/view.php?year=2020&no=898943.
- Instagram. (2020). *Myeoneuragi*. https://www.instagram.com/min4rin/.
- Iwabuchi, K. (2002). *Recentering Globalization: Popular Culture and Japanese Transnationalism*. Durham, NC: Duke University Press.

- Han, C. W. (2015). “A Study on Industrial Development and Globalization Strategy for Webtoon Platform.” *Korean Journal of Animation* 11 (3): 137–150.
- Han, C. W. (2021). *Webtoon Business Dilemma*. [In Korean.] Seoul: Communication Books.
- Han, S. B. (2020). “What’s the Taste of the Drama ‘Itaewon Class’ Written by the Author of the Webtoon?” [In Korean.] *Hankook Ilbo*, February 14. https://www.hankookilbo.com/News/Read/202002121108033969.
- Hancox, D. (2017). “From Subject to Collaborator: Transmedia Storytelling and Social Research.” *Convergence* 23 (1): 49–60.
- *Hankyoreh Shinmun* (2016). “When Do We Binge-Read Other Than on Holidays? Jump into Webtoons.” [In Korean.] September 17. http://www.hani.co.kr/arti/culture/movie/761474.html.
- Hardt, M., and A. Negri (2004). *Multitude: War and Democracy in the Age of Empire*. New York: Penguin.
- Harvey, R. C. (1996). *The Art of the Comic Book*. Jackson: University Press of Mississippi.
- Hay, J., and N. Couldry (2011). “Rethinking Convergence/Culture: An Introduction.” *Cultural Studies* 25 (4): 473–486.
- Helmond, A. (2015). “The Platformization of the Web: Making Web Data Platform Ready.” *Social Media + Society* July–December: 1–11.
- Herman, T. (2018). “BTS’ Most Political Lyrics: A Guide to Their Social Commentary on South Korean Society.” *Billboard*, February 23. https://www.billboard.com/articles/columns/k-town/8098832/bts-lyrics-social-commentary-political.
- Hills, M. (2015). “Storytelling and Storykilling: Affirmational/Transformational Discourses of Television Narrative.” In *Storytelling in the Media Convergence Age: Exploring Screen Narratives*, edited by R. Pearson and A. Smith, 151–173. Berlin: Springer.
- Hodgkins, C. (2020). “Crunchyroll Unveils 7 ‘Crunchyroll Originals’

Storytelling." *Historical Journal of Film, Radio and Television* 35 (2): 215–239.

- Freeman, M. (2017). *Historicising Transmedia Storytelling: Early Twentieth-Century Transmedia Story Worlds*. London: Routledge.
- Freeman, M. (2018). "From Sequel to Quasi-Novelization: Splinter of the Mind's Eye and the 1970s Culture of Transmedia Contingency." In *STAR WARS and the History of Transmedia Storytelling*, edited by S. Guynes and D. Hassler-Forest, 61–72. Amsterdam: Amsterdam University Press.
- Fuchs, C. (2010). "Labor in Informational Capitalism and on the Internet." *Information Society* 26 (3): 179–196.
- Fulton, B. (2019). "East Asian Perspective in Transmedia Storytelling: The Multimedia Life of a Korean Graphic Novel: A Case Study of Yoon Taeho's *Ikki*." *International Journal of Communication* 13: 2231–2238.
- Gillespie, T. (2010). "The Politics of Platforms." *New Media & Society* 12 (3): 347–364.
- Gimenes, N. (2018). "What Is the Platformization? Learn How to Compete in the Age of Digital Platforms." Sensedia, October 24. https://sensedia.com/en/digital-business/what-is-the-platformization-learn-how-to-compete-in-the-age-of-digital-platforms/.
- Giovagnoli, M. (2011). *Transmedia Storytelling: Imagery, Shapes and Techniques*. Pittsburgh, PA: ETC Press.
- Greene, L. (2019). "Why It's Cool to Be a Dirt Spoon in Korea." *Economist*, March 4. https://www.1843magazine.com/upfront/brave-new-word/why-its-cool-to-be-a-dirt-spoon-in-korea.
- Ha, J. M. (2016). "New Platforms and New Sources for New Korean Cinema ③: Webtoons." [In Korean.] *Hankyoreh*, March 20. http://www.hani.co.kr/arti/nglish_edition/e_entertainment/735818.html.
- Han, C. W. (2013). *Manhwa's Cultural Politics and Industry*. [In Korean.] Seoul: Communication Books.

- *Dickensonian* (2004). Editorial. 100 (464): 195–196.
- Do, D. W. (2015). "Korean 'Webtoons' Turn to Technology, Genre-Based Stories." *Korea Times* November 2. http://www.koreatimes.co.kr/www/news/culture/2015/11/148_189995.html.
- *DongA Ilbo* (2020). "'Gag Concert' Ends on June 26: Twenty-One Years of History, a Dissapointing 'Stop' after 1050 Episodes." [In Korean.] June 26. https://www.donga.com/news/Entertainment/article/all/20200626/101699796/1.
- Donohoo, T. (2020). "What Is Tower of God? Get to Know the Korean Comic before the Anime." CBR.com, February 15. https://www.cbr.com/tower-of-god-get-korean-webtoon-explained/.
- Doo, R. (2017). "Korean Webtoon Readership Growing, Themes Need Diversifying: Report." *Korea Herald*, February 5. http://kpopherald.koreaherald.com/view.php?ud=201702051802311809530_2.
- Eisner, W. (2008). *Comics and Sequential Art: Principles and Practices from the Legendary Cartoonist*. New York: W. W. Norton.
- Evans, E. (2016). "The Economics of Free: Freemium Games, Branding and the Impatience Economy." *Convergence* 22 (6): 563–580.
- Fast, K., and H. Örnebring (2017). "Transmedia World-Building: The Shadow (1931– Present) and Transformers (1984–Present)." *International Journal of Cultural Studies* 25 (2): 636–652.
- Foster-Simard, C.-A. (2011). "Henry James and the Joys of Binge Reading." *Millions*, March 17. https://themillions.com/2011/03/henry-james-and-the-joys-of-binge-reading.html.
- Franco, C. P. (2015). "The Muddle Earth Journey: Brand Consistency and Cross-Media Intertextuality in Game Adaptation." In *Storytelling in the Media Convergence Age: Exploring Screen Narratives*, edited by R. Pearson and A. Smith, 40–53. Berlin: Springer.
- Freeman, M. (2015). "Up, Up and Across: Superman, the Second World War and the Historical Development of Transmedia

culture/2014/02/386_151969.html.

- Chung, A. Y. (2014b). "Snack Culture." *Korea Times*, February 2. http://www.koreatimes.co.kr/www/news/culture/2014/02/386_150813.html.
- Chung, H. M. (1999). "Manhwa Internet Broadcaster, AniBS, Earns Popularity." [In Korean.] *JoongAng Ilbo*, June 22. https://news.joins.com/article/print/3792261.
- Chung, J. W. (2020). "Naver's Global Webcomic Biz on Growth Track." *Yonhap News*, January 24. https://en.yna.co.kr/view/AEN20200123009000320.
- Ciastellardi, M., and G. Di Rosario (2015). "Transmedia Literacy: A Premise." *International Journal of Transmedia Literacy* 1 (1): 7–16.
- Crary, J. (2013). *24/7: Late Capitalism and the Ends of Sleep*. London: Verso.
- Crunchyroll (2020a). "Crunchyroll Reveals First Slate of Crunchyroll Originals." February 25. https://www.crunchyroll.com/anime-news/2020/02/25/crunchyroll-reveals-first-slate-of-crunchyroll-originals.
- Crunchyroll (2020b). "Tower of God Anime Debuts as Crunchyroll Original April 1." February 25. https://www.crunchyroll.com/anime-news/2020/02/25-1/tower-of-god-anime-debuts-as-crunchyroll-original-this-april.
- Daliot-Bul, M., and N. Otmazgin (2017). *The Anime Boom in the United States: Lessons for Global Creative Industries*. Cambridge, MA: Harvard University Asia Center.
- Daniels, L. (1998). *Superman: The Complete History: The Life and Times of the Man of Steel*. San Francisco, CA: Chronicle Books.
- Daum Webtoon (2012). "Yoon Tae-ho's Misaeng Started." [In Korean.] January 17.
- Daum Webtoon (2020). "About Us." [In Korean.] http://biz.webtoon.daum.net/about.

- Cho, H. K. (2016). "The Webtoon: A New Form for Graphic Narrative." *Comics Journal*, July 18. http://www.tcj.com/the-webtoon-a-new-form-for-graphic-narrative/.
- Cho, H. K. (2021). "The Platformization of Culture: Webtoon Platforms and Media Ecology in Korea and Beyond." *Journal of Asian Studies*, 80 (1): 1–21.
- Cho, Y. G. (2020). "Showbox's First Challenge: Drama Itaewon Class Duck Happy Smile." [In Korean.] *Bell*, March 5. https://www.thebell.co.kr/free/Content/Article View.asp?key=202003031236480160104333&svccode=04.
- Cho, Y. H. (2017). "Historicizing East Asian Pop Culture." In *Routledge Handbook of East Asian Popular Culture*, edited by K. Iwabuchi, E. Tsai, and C. Berry, 13–23. London: Routledge.
- Cho, Y. K. (2018). "[Syndrome: Along with The Gods 2] Holds People Who Left." [In Korean.] *JoongAng Ilbo*, August 14. https://news.jtbc.joins.com/article/article.aspx?news_id=NB11680795.
- Choi, I. J. (2020). "'I'm Not Envious of Bong Joon'-Ho: K-Webtoon Continues to be Praised Abroad." [In Korean.] *Chosun Ilbo*, April 9. https://news.chosun.com/site/data/html_dir/2020/04/09/2020040902077.html.
- Choi, J. W. (2020). "K-Webtoons Become Mainstream, Go Global." *Korea Herald*, May 6. http://www.koreaherald.com/view.php?ud=20200506000728.
- Choi, M. Y. (2020). "Naver Transforms Its Webtoon Business with a Focus on the U.S. Market." [In Korean.] *Hankyoreh Shinmun*, May 28. http://www.hani.co.kr/arti/PRINT/946894.html.
- Chun, S. W. (2017). "From Webtoons, Movies, and Dramas Digging into Daily Life, to Postage Stamps." [In Korean.] *ETnews*, February 22. https://m.etnews.com/20170222000125.
- Chung, A. Y. (2014a). "Generational Shift in Cartoon Industry." *Korea Times*, February 20. http://www.koreatimes.co.kr/www/news/

- Brienza, C. (2014). "Did Manga Conquer America? Implications for the Cultural Policy of 'Cool Japan.'" *International Journal of Cultural Policy* 20 (4): 383–398.
- Brown, J. A. (1997). "Comic Book Fandom and Cultural Capital." *Journal of Popular Culture* 30 (4): 13–32.
- Bryce, M., C. Barber, J. Kelly, S. Kunwar, and A. Plumb (2010). "Manga and Anime: Fluidity and Hybridity in Global Imagery." *Electronic Journal of Contemporary Japanese Studies*, January 29. http://www.japanesestudies.org.uk/articles/2010/Bryce.html.
- Bryne, W. (2019). "What Is Digital Storytelling and What Has It Got to Do with Cul tural Heritage?" *Europeana Pro*, August 6. https://pro.europeana.eu/post/what-is-digital-storytelling-and-what-has-it-got-to-do-with-cultural-heritage.
- Burrowes, C. (2020). "Webtoons Are Poised to Become the Future of Anime." *CBR*, February 17. https://www.cbr.com/webtoons-future-of-anime/.
- Castillo (2016). "Webtoons, the New Star of the Hallyu Wave." *Korea Daily*, October 3. http://www.koreadailyus.com/webtoons-the-new-star-of-the-hallyu-wave/.
- Castro, D., J. Rigby, D. Cabral, and V. Nisi (2021). "The Binge-Watcher's Journey: Investigating Motivations, Contexts, and Affective States surrounding Netflix Viewing." *Convergence* 27 (1): 3–20.
- Caves, R. (2000). *Creative Industries: Contracts between Art and Commerce*. Cambridge, MA: Harvard University Press.
- Chae, H. S. (2018). *Webtoon's Medium Transformation*. [In Korean.] Seoul: Communication Books.
- Chie, Y. (2013). "Manhwa in Korea: (Re-) Nationalizing Comics Culture." In *Manga's Cultural Crossroads*, edited by J. Berndt and B. Kummerling-Meibauer, 85–99. London: Routledge.
- Cho, E. A. (2014). "Can Naver Webtoons Dominate the Global Cartoon Market?" [In Korean.] *Business Post*, August 14.

com/200001220015.

- Bae, S. M. (2017). "Korea Starts Webtoons: We Should Export the System and Web toons." [In Korean.] *Money Today*, August 21. https://news.v.daum.net/v/20170821062214678?f=p.
- Baek, B. Y. (2014a). "Korea's 'Webtoon' Industry: Boom or Bust?" *Korea Times*, February 20. http://www.koreatimes.co.kr/www/news/culture/2014/02/203_151973.html.
- Baek, B. Y. (2014b). "'Misaeng' Cartoonist Shares Advice for Success." *Korea Times*, December 7. http://www.koreatimes.co.kr/www/news/culture/2014/12/201_169462.html.
- Baek, B. Y. (2014c). "Rise of 'Snack Culture.'" *Korea Times*, July 9. http://www.koreatimes.co.kr/www/art/2017/11/688_160731.html.
- Baek, B. Y. (2017). "Award-Winning Cartoons Reflect Present Day Society." *Korea Times*, November 9. https://m.koreatimes.co.kr/pages/article.asp?newsIdx=239038.
- Baker, D., and E. Schak (2019). "The Hunger Games: Transmedia, Gender and Possibility." *Continuum* 33 (2): 201–215.
- Bang, H. K. (2018). *Kim Sung Hwan*. [In Korean.] Seoul: Communication Books.
- Beddows, E. (2012). "Consuming Transmedia: How Audiences Engage with Narrative across Multiple Story Modes." PhD diss., Swinburne University of Technology.
- Bick, I. (1996). "Boys in Space: Star Trek, Latency, and the Never-Ending Story." *Cinema Journal* 35 (2): 43–60.
- Blake, M., and Y. Villareal (2019). "Are These End Times for Binge Culture?" *Los Angeles Times*, October 10. https://www.latimes.com/entertainment-arts/tv/story/2019-10-10/streaming-wars-binge-culture-netflix-model.
- Bloter (2013). "Naver Reveals the Page Profit Share Program." [In Korean.] March 21. https://www.bloter.net/newsView/blt201303210002.

參考書目

- Acuna, K. (2016). "Millions in Korea Are Obsessed with These Revolutionary Comics— Now They're Going Global." *Insider*, February 11. https://www.businessinsider.com/what-is-webtoons-2016-2.
- Age of Webtoons (n.d.). http://phonetimes.co.kr/php/phone/news_print.asp?uid=274& code=knowledge.
- Aggleton, J. (2019). "Defining Digital Comics: A British Library Perspective." *Journal of Graphic Novels and Comics* 10 (4): 393–409.
- Aizu, I (2002). "A Comparative Study on Broadband in Asia: Development and Policy." In *Proceedings of the Asian Economic Integration—Current Status and Prospects*. Tokyo: The Research Institute of Economy, Trade and Industry (RIETI).
- Aju News (2021). "Korean Content That US CNN Pays Attention to…'Netflix Growth Engine.'" February 7. https://aju.news/en/korean-content-that-us-cnn-pays-attention-to-netflix-growth-engine.html.
- Andrejevic, M. (2011). "Social Network Exploitation." In *A Networked Self: Identity, Community, and Culture on Social Network Sites*, edited by Z. Papacharissi, 82–101. London: Routledge.
- Armstrong, J. K. (2014). "A Mostly Healthy Obsession: The Joy of Binge Reading." BBC, October 21. https://www.bbc.com/culture/article/20140317-the-joy-of-binge-reading.
- Art Rocket (n.d.). "Tips for Creating Vertical Scrolling Webtoons." https://www.clipstudio.net/how-to-draw/archives/157055.
- Bae, I. H. (2000). "The Heyday of the Internet Manhwa Webtoon." [In Korean.] *ETnews*, January 22. https://www.etnews.

國家圖書館出版品預行編目（CIP）資料

Webtoon：手機世代的韓流浪潮，條漫如何打造跨媒體的全球版圖？／陳達鏞著；吳喬熙譯.
-- 初版. -- 新北市：臺灣商務印書館股份有限公司, 2024.04
320 面；14.8×21 公分（Trend）
譯自：Understanding Korean webtoon culture : transmedia storytelling, digital platforms, and genres.

ISBN 978-957-05-3560-0（平裝）

1. CST: 漫畫　2. CST: 電子出版品　3. CST: 網路書店
4. CST: 產業發展　5. CST: 韓國

487.7932　　113002193

TREND

Webtoon

手機世代的韓流浪潮，條漫如何打造跨媒體的全球版圖？

Understanding Korean Webtoon Culture :
Transmedia Storytelling, Digital Platforms, and Genres.

作　　者—陳達鏞（Dal Yong Jin ）
譯　　者—吳喬熙
發 行 人—王春申
審書顧問—陳建守
總 編 輯—張曉蕊
責任編輯—徐　鉞
版　　權—翁靜如
封面設計—萬勝安
內頁設計—黃淑華

業　　務—王建棠
資訊行銷—劉艾琳、謝宜華

出版發行—臺灣商務印書館股份有限公司
231023 新北市新店區民權路 108-3 號 5 樓（同門市地址）
電話：（02）8667-3712　傳真：（02）8667-3709
讀者服務專線：0800-056193
郵撥：0000165-1
E-mail：ecptw@cptw.com.tw
網路書店網址：www.cptw.com.tw
Facebook：facebook.com.tw/ecptw

局版北市業字第 993 號
初版一刷：2024 年 4 月
印刷廠：沈氏藝術印刷股份有限公司
定價：新台幣 430 元

法律顧問—何一芃律師事務所